AF453650

PRINCIPES

D'ORGANISATION SCIENTIFIQUE

O.

PRINCIPES
D'ORGANISATION
SCIENTIFIQUE

PAR

Frederic Winslow TAYLOR

ANCIEN PRÉSIDENT DE LA SOCIÉTÉ AMÉRICAINE DES INGÉNIEURS MÉCANICIENS

TRADUCTION DE

Jean ROYER

INGÉNIEUR DES ARTS ET MANUFACTURES

PRÉFACE DE

Henry LE CHATELIER

MEMBRE DE L'INSTITUT

EDITION DÉFINITIVE

PARIS

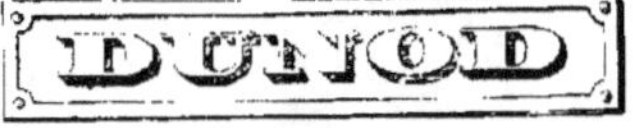

92, RUE BONAPARTE (VI)

1927

PREFACE

PAR M. HENRY LE CHATELIER

La Science économique

L'auteur de ce volume, Frédérick Winslow Taylor, est l'inventeur bien connu des aciers à coupe rapide ; sa découverte a révolutionné toute la construction mécanique : elle a doublé et triplé le rendement des machines-outils, en augmentant dans la même proportion la production journalière des ouvriers. Cet accroissement remarquable de la production et l'abaissement corrélatif du prix de revient ont eu des contre-coups économiques très importants dont voici un exemple entre beaucoup d'autres : la compagnie américaine *Pensylvania Railroad* se préparait à doubler ses ateliers de réparations. quand l'apparition imprévue des aciers à coupe rapide lui permit de doubler du jour au lendemain son rendement et d'abandonner ainsi ses projets d'agrandissement. Ailleurs, les économies réalisées ont entraîné des modifications profondes dans les anciennes méthodes de travail, renversant par exemple l'importance relative du forgeage et du finissage. Il n'est pas un ingénieur s'occupant de construction mécanique. pas un ouvrier mécanicien qui ignorent ces faits ; tous en apprécient l'importance.

Après avoir exercé une telle influence sur l'évolution de l'industrie moderne, les idées du grand ingénieur américain peuvent mériter quelque attention. Il attribue à ses principes d'*Organisation scientifique du travail dans les usines* une importance supérieure encore à celle de sa découverte des aciers rapides. Il serait déraisonnable devant une telle affirmation de se refuser à étudier avec le plus grand soin ces nouvelles méthodes de travail. Personne, même après de grandes découvertes, ne peut évidemment prétendre à une infaillibilité absolue ; les succès antérieurs créent cependant une prévention favorable.

L'idée directrice de F. Taylor vise à l'accroissement du rendement du travail, sans augmenter la fatigue de l'ouvrier, et elle conduit ainsi à une augmentation considérable des salaires. Voici en quoi elle consiste. La production de chaque ouvrier dépend d'un nombre extrêmement considérable de facteurs indépendants, de variables, pour employer le langage mathématique. Dans le cas du travail des métaux sur le tour, F. Taylor a montré que le nombre de ces variables était de douze au moins, présentant toutes une importance considérable pour le résultat final. En présence de cette complication, l'ouvrier ne peut évidemment par de simples tâtonnements découvrir de lui-même les conditions les plus favorables à l'exécution des travaux dont il est chargé. Des mesures très précises sont indispensables pour mettre en lumière ces conditions *optima*. L'étude du travail des métaux, une des œuvres les plus importantes de l'auteur, a coûté plus d'un million de francs et demandé 25 années de travail.

Les opérations les plus simples de l'atelier sont elles-mêmes très difficiles à bien organiser ; et elles dépassent les aptitudes de l'ouvrier. Par exemple, le simple travail du manœuvre, qui charge dans un wagon des gueuses de fonte, soulève des problèmes physiologiques très délicats. Les alternances de repos et de travail, la vitesse de chacun des mouvements, le poids soulevé à chaque effort modifient considérablement la fatigue pour un même travail produit. F. Taylor est arrivé à quadrupler la production de ses ouvriers à fatigue égale par l'étude systématique des mouvements. Pendant des mois et des années il leur a fait charger 47 t. par 24 heures au lieu de 12,5 qu'ils chargeaient normalement quand ils étaient abandonnés à eux-mêmes ; il a en même temps doublé leur salaire. De même pour prendre ses briques et son mortier, les présenter et les mettre en place, le maçon fait habituellement cinq fois plus de mouvements que cela n'est nécessaire. Une

étude poursuivie pendant plusieurs années sur des maçons
de Philadelphie a permis, en modifiant les échafaudages et en
empêchant les maçons de remuer leurs pieds pendant le travail, de produire dans le même temps près de 3 fois plus de
travail.

Les opinions développées dans ce volume choqueront certainement un grand nombre d'industriels et un plus grand
nombre encore d'ouvriers ; elles sont en contradiction avec
des idées et des préjugés courants. F. Taylor est manifestement en avance sur son époque ; raison de plus pour examiner
ses vues de très près.

L'organisation scientifique du travail dans les usines a donc
pour but essentiel d'augmenter la production individuelle.
C'est exactement le contre pied des idées chères aujourd'hui
aux syndicats ouvriers ; leur préoccupation dominante est au
contraire de limiter la production de chaque travailleur pour
assurer une occupation suffisante à un plus grand nombre
d'entre eux et pour supprimer les sans-travail. Serait-il exagéré
de leur demander de réfléchir un peu à ces problèmes, de les
étudier de plus près, de consacrer quelques heures de loisir à
la lecture de ce petit volume ?

En parcourant les journaux et les comptes rendus des Cham-
bres vers l'année 1840, ils verraient toutes les craintes occa-
sionnées par l'industrie naissante des chemins de fer ; elle
devait priver de travail de nombreuses populations, enlever
le pain de la bouche à tous les rouliers, à tous les conduc-
teurs de diligences et ruiner l'agriculture en faisant disparaître l'emploi des chevaux. Les paysans n'étaient pas seuls
à manifester ces craintes ; des hommes instruits, occupant
des situations importantes dans les affaires et la politique
s'associaient à leurs doléances. Malgré ces prévisions pessi-
mistes, le nombre des voitures et des chevaux en circulation
n'a pas cessé de croître. Pas un syndicat ouvrier ne songerait
aujourd'hui à demander la suppression des chemins de fer ;
tous voient trop clairement la part de ces procédés rapides
de communication dans l'augmentation de la richesse publique
et dans l'accroissement du bien-être de toutes les classes de
la société. Sont-ils alors bien certains de ne pas se tromper

en reprenant sous une autre forme les errements de leurs aïeux
et s'opposant comme eux au développement des moyens de
production ? A tous les lecteurs ouvriers de bonne foi on peut
dire : Réfléchissez.

Les industriels font aux méthodes de Taylor une autre objection ; leur application exige des conditions extrêmement difficiles à réaliser et sans doute très onéreuses. Il faut mettre à
la tête des ouvriers des hommes connaissant le métier manuel
à l'égal de leurs subordonnés ; or les stages ouvriers ne sont
guère à la mode aujourd'hui parmi les jeunes ingénieurs. En
même temps ces ingénieurs doivent, pour appliquer utilement
les méthodes de Taylor, être entraînés de longue main aux
mesures scientifiques de haute précision. On leur demande
en effet de mesurer à une fraction de seconde près le temps
que les ouvriers placés sous leurs ordres mettent à faire chaque
mouvement, à déplacer un pied ou à remuer un bras. Tout
cela semble très compliqué. Si les industriels veulent bien
cependant se reporter à l'état de l'industrie vers l'époque de
la création des chemins de fer, ils y verront une organisation
du travail bien différente de celle d'aujourd'hui, infiniment
plus simple et moins compliquée. Peu ou pas d'ingénieurs
sortis de l'enseignement scientifique : pas de laboratoires ; la
règle du pouce et de l'œil suffisant à toutes les fabrications.
Les industriels de cette époque auraient, sans un instant d'hési-
tation, considéré comme une folie l'installation dans les usines
de laboratoires d'analyse chimique, d'essais mécaniques et
plus encore de recherches physiques. Et pourtant aujourd'hui
dans la grande industrie ces laboratoires existent partout, ils
arrivent même dans quelques usines à occuper plus d'une centaine d'employés ; partout également la fabrication est dirigée
par des ingénieurs ayant fait de fortes études scientifiques.
Cette constatation conduira peut-être les chefs d'industrie à
se demander si l'emploi des méthodes de précision recom-
mandées par Taylor pour étudier le travail des ouvriers ne
deviendra pas dans un avenir peu lointain aussi indispensable
que l'est aujourd'hui l'analyse chimique pour l'achat des mi-
nerais. Comme aux ouvriers on peut leur dire : Réfléchissez.

L'industrie traverse à l'heure actuelle une crise très grave. Pendant le dernier siècle elle a atteint grâce à l'appui des sciences expérimentales : mécanique, physique et chimie un degré d'épanouissement absolument imprévu ; elle a fait en quelques années plus de progrès que depuis l'origine du monde. Mais ce mouvement tend à se ralentir : les luttes incessantes entre le capital et le travail empêchent de nouveaux progrès et menacent même les résultats déjà acquis. Pour sortir de cette situation critique et reprendre une marche ascendante, l'industrie devra s'attaquer aux problèmes des questions ouvrières et pour cela faire appel aux sciences économiques et sociales ; l'intervention de ces sciences semble devoir être dans l'avenir aussi importante pour le développement de la richesse publique que l'a été, dans le passé, celle des sciences physiques et naturelles. Or, au dire de F. Taylor, son système d'organisation du travail donnerait la solution à peu près complète des problèmes relatifs aux rapports du capital et du travail ; il n'y aurait jamais eu ni grèves, ni difficultés sérieuses dans les usines où fonctionne ce système. Cela vaudrait la peine d'aller vérifier sur place un fait aussi surprenant. Ce serait chose facile pour les industriels, car ils envoient constamment leurs ingénieurs en mission à l'étranger étudier les nouveaux types de machines ; ils peuvent aussi bien les envoyer étudier les nouvelles organisations du travail. Les ouvriers de leur côté pourraient charger des mêmes études les secrétaires de leurs syndicats.

Cette lutte incessante du capital et du travail, arrivée aujourd'hui à l'état aigu, a deux origines bien distinctes : la *méchanceté* naturelle à l'homme qui le pousse à faire le plus de mal possible à son prochain, soit pour lui prendre son bien, soit pour le simple plaisir du mal, et plus encore, heureusement, son *ignorance* de ses véritables intérêts.

Le cheminot, qui sabote les voies ferrées pour faire dérailler les trains et tuer le plus de monde possible, est un véritable bandit, obéissant aux mêmes sentiments que le nègre des peuplades de l'Afrique, qui tue pour le plaisir de voir couler le sang. Le spéculateur, dont le jeu sur les marchandises ruine parfois de nombreuses populations ouvrières ou agricoles ; le

fabricant, qui falsifie sa marchandise et trompe son client ;
l'homme d'affaires, qui se livre à des opérations véreuses et
dilapide les fonds confiés par des clients trop naïfs, ont la
même mentalité et causent les mêmes désordres, les mêmes
ruines dans la société. Depuis l'origine du monde la moralité
moyenne des hommes n'a guère varié. La peur du gendarme,
les sentiments religieux, la force de l'habitude dans les sociétés
civilisées peuvent momentanément réfréner ces mauvais ins-
tincts ; mais sitôt ces freins relâchés, l'homme revient à l'état
sauvage. Cela se voit au lendemain des révolutions, quand le
pouvoir du gendarme est momentanément suspendu, et dans
tous les pays, où l'autorité tombe en déliquescence. Il faut se
résigner à vivre avec cette cause de désordre, en tâchant, bien
entendu, de maintenir coûte que coûte le gendarme en bonne
position.

Mais en outre l'ignorance de l'homme, au sujet de ses véritables intérêts est immense, surtout chez l'ouvrier ; heureusement cette ignorance peut être corrigée, car l'homme s'instruit tous les jours davantage. Il y a un millier d'années pas
un seul travailleur manuel ne savait lire, ils lisent presque
tous aujourd'hui ; par contre ils n'ont pas encore la moindre
notion des sciences économiques, mais on ne doit pas déses-
pérer de pouvoir les leur apprendre. Il y a de ce côté un effort
considérable à faire ; patrons et travailleurs arriveront certainement un jour à connaître bien des vérités totalement inexis-
tantes pour eux aujourd'hui. On ne se doute pas, quand on
ne l'a pas vu de près à quel point cette ignorance peut
atteindre.

J'ai toujours gardé le souvenir d'un incident auquel je me
suis trouvé mêlé dans les débuts de ma carrière d'ingénieur.
Chargé du service des mines de l'arrondissement minéralo-
gique de Besançon, je reçois un jour une pétition signée par
tous les ouvriers des mines d'Ougnée (Jura). Ils s'adressaient
à moi comme représentant du gouvernement et me deman-
daient protection contre le directeur de leur mine : celui-ci
leur avait fait accepter pour l'abatage du minerai, un contrat
à la tâche, devant remplacer l'ancien travail à la journée et
les avait, disaient-ils, complètement trompés, les nouvelles

conventions étant moins avantageuses. Sur mon interrogation,
le directeur de la mine répondit : Empressez-vous de me trans-
mettre cette pétition avec votre approbation, je serai trop
heureux d'y faire immédiatement droit. J'avais commis une
erreur dans les calculs qui ont servi de base à l'établissement
des nouveaux tarifs, et maintenant je paye à mes ouvriers des
prix supérieurs de 15 0/0 aux anciens, je ne savais comment
revenir sur les conventions faites et je n'espérais pas trouver
une occasion aussi favorable.

Mais avant d'étudier la science économique, il faut croire
à son existence. Tout le monde aujourd'hui croit aux sciences
physiques. Un inventeur prétendrait avoir trouvé le moyen de
ralentir ou d'accélérer la marche du soleil, on lui rirait au nez,
ouvriers comme industriels. Mais dans le domaine des faits
économiques, il n'y a pas d'absurdités qu'on ne puisse mettre
en avant avec la certitude de trouver des croyants pour les
accepter. On ne soupçonne pas en général l'existence de relations nécessaires entre les différents faits économiques, c'est-
à-dire l'existence de ce qu'on appelle : *les lois naturelles*.
Dans le monde moral et économique ces lois sont plus difficiles à étudier et plus complexes, elles dépendent d'un plus
grand nombre de facteurs simples que dans le monde matériel, mais elles sont aussi complètement inéluctables. En toutes
circonstances, les efforts faits pour en transgresser quelques-
unes ont piteusement échoué. La première République, en
France, avait cru pouvoir se procurer des ressources en créant
un papier-monnaie, les *assignats*, et lui donnant cours forcé ;
mais de suite les sommes en papier-monnaie demandées pour
la moindre acquisition crurent sans limite ; on ne pouvait arriver à rien se procurer en échange de ce papier ; les mesures
les plus draconiennes avaient été impuissantes à lui donner
aucune valeur : le crédit est régi par des lois qui échappent au
bon plaisir du législateur. De même la république de 1848
n'a pu avec ses *ateliers nationaux* donner du travail à tous
les ouvriers, pas même à ceux qui voulaient travailler, moins
encore aux sans-travail incorrigibles. *L'égalité des salaires*
poursuivie aujourd'hui par certains illuminés ne sera pas davantage réalisée, c'est encore une impossibilité.

La diffusion générale de la croyance à l'existence de lois naturelles inévitables, c'est-à-dire la croyance au *Déterminisme*, constituera un progrès énorme, même si les lois dont on admet la possibilité restaient encore toutes inconnues. Cette croyance au déterminisme conduit nécessairement à réfléchir dans chaque circonstance à la possibilité d'atteindre le but poursuivi. Au contraire, en l'absence de cette croyance, on concentre aveuglément tous ses efforts vers la réunion des moyens d'action les plus propres à faire triompher ses désirs : groupements de syndicats et d'influences parlementaires, réunions de capitaux, etc... On dépense ainsi des sommes considérables d'efforts et d'argent, on bouleverse la société sans arriver à rien, quand une réflexion préalable de quelques minutes aurait souvent suffi pour détourner d'un projet irréalisable. Le jour où la croyance au déterminisme sera devenue générale chez les industriels et les ouvriers, la moitié du problème social sera résolue. Ce jour-là aussi les idées de F. Taylor auront de nombreux adeptes.

Supposons un instant la croyance au déterminisme économique devenue générale et cherchons à démêler quelques-unes de ses lois. En voici par exemple une première d'extrême simplicité trop évidente même, dira-t-on, pour mériter seulement une mention.

Dans les pays civilisés, les hommes ont un grand désir de jouissance, ils recherchent tous les agréments de la vie et sont disposés à fournir un effort considérable pour se les procurer.

La restriction, dans les pays civilisés, est indispensable. Souvent les nègres des peuplades de l'Afrique se contentent de demeures rudimentaires, vont sans vêtements, ont pour toute ambition de mener au soleil une vie végétative et sans mouvement. Dans ces pays les conditions économiques sont très spéciales.

Au contraire, dans les pays civilisés, le désir de jouir d'agréments de la vie, chaque jour plus nombreux, de posséder des biens en plus grand nombre, de gagner plus d'argent, car l'argent permet de se procurer par échange toutes les jouissances recherchées, est certainement le plus puissant mobile capable de mettre les hommes en mouvement. On est stupéfait de voir la somme de travail fournie par des cultivateurs, petits propriétaires, quand ils sont certains de n'avoir à partager avec personne le prix de leur labeur. C'est là une vérité certaine, une loi économique. Malgré sa simplicité et son évidence, il y a lieu de la mentionner, en raison des conséquences qu'elle entraîne.

Voici l'une de ces conséquences qui constitue elle-même une seconde loi, non moins certaine que la première, mais cependant moins généralement acceptée. Son importance est capitale au point de vue de la question ouvrière.

Les habitants d'un même pays civilisé deviennent deux fois plus riches, chaque fois qu'ils arrivent à doubler leur production, parce qu'ils ont alors chacun en moyenne deux fois plus de choses utiles ou agréables à consommer.

Cette vérité, cette loi est encore tellement évidente qu'il ne devrait pas y avoir besoin de la justifier. Dans un pays où chaque habitant produirait toutes les matières utiles à ses besoins, il n'y aurait pas de contestations possibles ; la loi s'appliquerait alors aussi bien aux peuplades sauvages qu'aux peuples civilisés. Il en était jadis ainsi en France ; le paysan produisait sur sa terre le blé nécessaire à son alimentation, il le broyait ensuite pour en faire de la farine et il cuisait lui-même son pain. Il élevait aussi un cochon, il le tuait et le salait pour sa nourriture d'hiver ; il cultivait le chanvre, en filait la fibre et tissait sa toile ; il faisait également pousser le bois et la paille nécessaires pour la construction de sa maison de chaume. En augmentant sa production, comme le permet aujourd'hui l'emploi des machines agricoles, il a obtenu un rendement plus élevé de son travail. La vente de l'excédent de sa production lui a alors permis de remplacer la masure de ses pères par une maison solide de pierre, de ciment et d'ardoise. Son installation dans cette demeure luxueuse restera pour lui la plus grande joie de l'existence et lui fait ensuite trouver toute peine légère.

En dehors de certaines régions montagneuses, encore dépourvues de moyens de communication faciles, cette organisation agricole ne se retrouve plus guère en France. Presque partout il s'est produit une spécialisation du travail qui permet à chaque homme d'obtenir un rendement plus élevé de son activité. Le paysan de la Beauce préfère cultiver le blé, celui de la Normandie élever des bestiaux. Aucun d'eux ne fabrique plus sa toile, car il se la procure à bien meilleur compte dans les grandes filatures. Cette division du travail nécessite de leur part des échanges incessants pour permettre à chacun de réunir tous les objets variés nécessaires aux besoins de la vie. Si nos paysans et nos ouvriers filateurs arrivent aujourd'hui à produire ensemble, grâce à cette spécialisation, deux fois plus d'objets utiles que par le passé, ils pourront chacun s'en procurer soit directement, soit par échange deux fois plus qu'autrefois, ils seront donc deux fois plus riches.

Il y a cependant une restriction à faire ici ; il ne suffit pas, dans le cas de la spécialisation, qu'un individu isolé double sa production pour devenir deux fois plus riche, il faut encore que ses voisins en fassent autant, sans cela il n'aurait personne avec qui échanger les produits de son travail, qui ne lui servirait alors à rien. C'est là une condition essentielle de la loi de proportionnalité entre l'accroissement de la production et celui de la richesse.

Dans les pays civilisés, cette difficulté ne se présente jamais, à condition bien entendu, de ne pas concentrer ses efforts sur la production d'objets de consommation trop limitée. On peut sans crainte poursuivre la multiplication des objets servant à la nourriture, à la toilette, à la construction, aux moyens de transport, etc., et celle de toutes les matières premières nécessaires à ces industries comme le charbon, le fer, le ciment, etc. Il n'y a pas de limite à leur consommation.

Voici un exemple très net. Au début des chemins de fer personne ne soupçonna tout d'abord le développement possible de la circulation ; cela était excusable, car l'on manquait de termes de comparaison. Aujourd'hui, semble-t-il, l'expérience du passé doit permettre de faire sur ce terrain des prévisions un peu certaines. Or, il y a quelques années, lors de la création du chemin de fer métropolitain de Paris, tout le monde, à commencer par les ingénieurs de chemin de fer les plus compétents, se trompa absolument sur la capacité de circulation des Parisiens. On se figurait avoir très largement fait les choses, tant comme dimension des trains que comme fréquence de leur passage. Mais aussitôt la mise en service de la première ligne, on dut reconnaître la nécessité de doubler la longueur des trains. On a multiplié depuis le nombre des lignes en service et cependant on n'arrive pas, malgré tous les efforts, à éviter à certaines heures un encombrement inouï. On entend souvent dire que l'augmentation de la production n'entraîne pas nécessairement celle de la consommation, qu'il faut éviter de dépasser la puissance d'absorption du consommateur. En réalité comme le montre l'exemple du métropolitain, il n'y a pas de limite à cette puissance d'absorption, au moins dans les pays civilisés, parce qu'il n'y a pas non plus de limite au désir du bien-être. C'est là une vérité qu'il faut proclamer incessamment et faire admettre par tout le monde.

Tant que cette vérité ne sera pas reconnue, les idées de F. Taylor ne seront pas appréciées à leur juste valeur, car leur seul objet est précisément d'augmenter la puissance de production de chaque homme. Les machines, bien qu'employées trop souvent sans méthode, ont déjà produit dans ce sens des résultats énormes. Depuis un siècle, elles ont décuplé à peu près la puissance de production de l'homme et par suite décuplé sa richesse. La méthode proposée par Taylor permet, sans rien changer aux machines actuelles, de doubler encore. parfois même de tripler la production de chaque ouvrier, par suite de doubler et de tripler la richesse générale.

Comment se fait-il qu'une loi aussi importante et tellement utile à bien connaître soit si souvent méconnue et contestée ? L'explication doit en être recherchée dans les multiples erreurs de jugement des hommes Au lieu de s'en rapporter au simple bon sens. ils font tantôt de longs calculs complètement faux, tantôt, au contraire, ils se laissent guider par des sentiments irréfléchis.

Une première erreur provient de l'usage de la monnaie, de son emploi pour payer les salaires. au lieu de continuer à les payer en nature, comme au temps passé. La monnaie ne permet de satisfaire nos besoins que dans la mesure où elle nous permet d'obtenir par échange des objets utiles. Aujourd'hui une somme de 1 fr. représente environ 3 kg. de pain mais, au temps des assignats, 1 fr. en papier ne représentait guère que 30 gr. de pain. Pour la même valeur nominale l'utilité réelle était cent fois moindre. Or, le plus souvent les ouvriers envisagent seulement le chiffre nominal de leurs salaires. Si, par exemple, ils arrivaient tous à doubler leur production, sans augmentation de salaire, ils se considéreraient comme absolument volés et penseraient n'avoir retiré aucun bénéfice de leur supplément de travail. En réalité, à salaire nominal égal, ils auraient doublé leur bénéfice, parce qu'en raison de la diminution du prix des objets résultant de cette surproduction, ils pourraient avec les mêmes salaires s'en procurer deux fois plus.

En fait cependant, les chiffres des salaires nominaux ont toujours augmenté au fur et à mesure de l'accroissement de la production individuelle. F. Taylor dans son système d'organisation du travail, propose d'augmenter les salaires de 50 à 100 0 0, pour les ouvriers qui arrivent à doubler ou à tripler leur production.

Cette première difficulté, relative à l'usage de la monnaie, n'est pas au fond très sérieuse et l'on pourrait sans difficulté extrême arriver à l'expliquer et à la faire comprendre aux ouvriers.

Voici une objection bien plus sérieuse, car elle ne résulte pas entièrement d'une erreur. Si l'on introduit dans une usine des machines et des méthodes de travail capables de doubler du jour au lendemain la production, il en résulte nécessairement une perturbation sur le marché de vente de l'objet fabriqué ; l'augmentation de sa consommation ne suit pas la marche brusque de sa fabrication. Les prix fléchissent, il faut réduire les salaires ou licencier une partie des ouvriers pour éviter une trop forte surproduction. Les ouvriers congédiés, obligés d'apprendre une nouvelle profession, comme aussi les ouvriers conservés à salaires réduits subissent un dommage évident. C'est contre ce dommage que veulent lutter les syndicats ouvriers en limitant la production de chacun de leurs adhérents ; c'est contre la même difficulté que se liguent aussi

les patrons dans leurs syndicats, quand ils imposent une limite
à la production de chacune des usines adhérentes.

Il y a là les deux cas, chez les ouvriers comme chez les
patrons une même erreur, mais une erreur assez compréhen-
sible. L'avilissement des prix ne provient pas de la surproduction, car la capacité d'absorption d'un pays civilisé est,
comme nous l'avons déjà indiqué, presque infinie : le dommage
résulte seulement d'une brusquerie trop grande dans la varia-
tion de la production. Les hommes et sociétés d'hommes ne
peuvent pas brusquement changer leur orientation, leurs habitudes, pas plus qu'une pierre lancée ne peut être arrêtée, ni
subitement déviée sans produire des chocs, des accidents
graves. Tout changement brusque dans un milieu économique
est nuisible, aussi bien d'ailleurs la diminution que l'augmentation de la production. Pour le comprendre, il suffit de se
reporter aux bouleversements sociaux occasionnés par des dimi-
nutions, même insignifiantes, dans la production des matières
alimentaires. Les consommateurs en souffrent vivement et souvent par contre-coup les producteurs, dont les magasins sont
pillés, comme cela s'est produit sous notre première Révo-
lution, comme cela se voit encore au jour même où j'écris ces
lignes.

C'est là une loi absolue. De même toute mise à exécution
trop brusque d'une nouvelle mesure législative, changeant le
régime du commerce ou de l'industrie, produit nécessairement
des désastres : en particulier tout nouvel impôt, tout nouveau
droit de douane. Si industriels et commerçants cependant sont
trop souvent les premiers à provoquer par leurs demandes ces
perturbations économiques, c'est qu'ils ont l'espoir, souvent
trompé d'ailleurs, de faire supporter tout le dommage par
leurs concurrents et leurs voisins. Quand ils demandent une
protection pour les produits de leur fabrication, ils s'efforcent
en même temps d'empêcher d'accorder le même avantage aux
objets qu'ils consomment : matières premières ou machines.

Tous les malaises économiques imputés à l'accroissement
de la production sont en réalité occasionnés exclusivement par
la brusquerie avec laquelle les changements se sont produits.
Le dommage serait rigoureusement nul pour un changement

infiniment lent. C'est donc une erreur absolue au point de vue
de l'intérêt général et particulier, de vouloir s'opposer à l'accroissement de la production ; on peut seulement se préoc-
cuper d'en régulariser le développement pour réduire les dom-
mages causés et en fin de compte accepter délibérément un
certain inconvénient passager, négligeable en présence des
avantages certains du développement de la richesse. On devrait, par exemple, toujours se donner dans l'application des
lois économiques : législation ouvrière, droits de douane, etc.,
un délai suffisant, pour leur mise en vigueur progressive. Ce
sont de beaucoup les plus dangereuses des perturbations économiques parce que, de par leur nature, elles peuvent être
rendues instantanées. Au contraire, dans le cas de l'accroissement des moyens de production, c'est-à-dire du développement des machines et du perfectionnement des méthodes du
travail, cet inconvénient est généralement assez réduit ; de par
leur nature même, ces changements ne peuvent se produire
que progressivement. Il faut souvent plus de dix ans pour
mettre au point un nouveau procédé de fabrication. Que de
fois les brevets d'un inventeur, valables d'après la loi pendant quinze ans, sont tombés dans le domaine public avant
d'avoir été largement appliqués. Cela a été le cas par exemple
du procédé Siemens Martin pour la fabrication de l'acier.

Il en sera *à fortiori* de même pour l'application des méthodes
scientifiques de travail préconisées par F. Taylor. Depuis
quinze ans, époque de la première publication de ces principes, un nombre infime d'usines ont mis ces méthodes en
pratique ; il faudra peut-être cinquante ans encore pour les
voir se généraliser ; leur application ne pourra donc occa-
sionner aucune perturbation.

Toute réforme progressive tendant à accroître la production
est exempte de danger parce que d'une part la clientèle a le
temps de suivre le mouvement et d'augmenter sa consommation, que, d'autre part, le renouvellement incessant des
ouvriers dans les usines rend inutile leur renvoi pour com-
penser leur accroissement de productivité, tout au plus suffit-il
d'en embaucher un moins grand nombre de nouveaux, si, à
un moment donné, dans une industrie, la consommation reste

en retard sur la production. Enfin les capitaux accumulés dans les usines ne sont pas perdus, leur amortissement normal devant, aujourd'hui, se faire très rapidement ; dans certaines industries, le matériel se renouvelle complètement tous les dix ou quinze ans. Avec une évolution progressive on peut donc faire toutes les transformations nécessaires, sans aucune destruction, sans aucune ruine.

Une dernière difficulté, la plus grave de toutes, en réalité, provient de la question du partage des bénéfices entre ouvriers et patrons, entre producteurs et consommateurs. Une des caractéristiques des peuples civilisés est, comme nous l'avons déjà dit, la disparition du petit propriétaire vivant isolément sur sa terre et produisant tout ce dont il a besoin pour vivre. La spécialisation et l'association ont augmenté énormément la puissance productive de l'homme ; les grandes usines avec leurs nombreux ouvriers, leurs ingénieurs, leurs agents commerciaux et leurs actionnaires capitalistes ont permis d'arriver à une production par tête d'individu hors de toute proportion avec les résultats obtenus auparavant par les travailleurs isolés. Il est impossible de revenir sur cette organisation ; il faut donc accepter un des inconvénients inévitables de cette situation : la nécessité du partage des produits de l'exploitation faite en commun. Chacun veut avoir la plus grosse part, et cette préoccupation prime parfois toute autre, chez le patron comme chez l'ouvrier ; elle les empêche de donner une attention suffisante à d'autres points de vue, souvent bien plus importants. L'ouvrier hésite à augmenter sa production par crainte de voir son patron en profiter plus que lui, et le patron pensant aux années difficiles craint de laisser croître les salaires de ses ouvriers, même si l'augmentation de leur production lui permet de le faire. De même le producteur, d'accord sur ce point avec ses collaborateurs, refuse de baisser ses prix de vente, même quand l'accroissement de la production diminue ses prix de revient. Il lui est pénible de contribuer trop directement à l'enrichissement du consommateur.

Cette question du partage des bénéfices est aujourd'hui le point capital de la question ouvrière. Chacun veut se procurer plus de jouissance, tirer de son travail la plus large rémunération possible. Or, comme nous l'avons dit au début, il y a deux moyens d'augmenter sa richesse personnelle, soit prendre dans la part du travail fait en commun le plus gros morceau, soit produire davantage, en conservant invariables les conditions du partage. L'esprit humain est ainsi fait qu'il attache bien plus de valeur aux gains de la première espèce, et pourtant ce sont de beaucoup les moins importants.

Prenons des industries où le capital soit énorme, de telle sorte que sa rémunération puisse atteindre un total égal au salaire des ouvriers. Malgré les efforts de quelques utopistes, jamais les ouvriers n'arriveront à enlever au capital la totalité de sa rémunération, sinon toutes les usines fermeraient du jour au lendemain et la production, par suite aussi la richesse générale, tomberait à rien. Peut-être arriveront-ils un jour à prendre dans certains cas la moitié de la rémunération actuelle du capital, mais ils devront auparavant devenir plus instruits, savoir comprendre et discuter un prix de revient, ne plus se laisser berner par les beaux parleurs et ils attendront sans doute longtemps encore cet âge d'or. Ils auront alors, dans ces industries exceptionnelles, augmenté au plus de 25 0/0 leur part du bénéfice, mais d'une quantité bien moindre dans les industries très nombreuses où le salaire entre pour une part prépondérante dans le prix de revient. Pendant le même temps, les perfectionnements industriels, l'accroissement de la production individuelle des ouvriers aura peut-être décuplé encore une fois la richesse de chacun d'eux. Ils ne s'en préoccupent et ne s'en doutent même pas.

Le bon sens le plus élémentaire exige une séparation absolue entre les préoccupations relatives à ces deux modes d'accroissement de la richesse individuelle. Chacun, bien entendu, doit continuer à défendre son droit dans le partage du travail fait en commun, car du jour où il cesserait de se défendre, il serait sûr d'être absolument dévalisé par ses co-partenaires. Mais il ne faut pas oublier pour cela le point de vue autrement important de l'accroissement de la production ; sur ce point les intérêts réels du patron et de l'ouvrier sont identiques et il devrait leur être facile de coopérer. Il faudrait imiter certaines tentatives ébauchées entre producteurs et consommateurs qui savent travailler ensemble à des intérêts communs. Les fabricants d'acier, les ingénieurs des grandes sociétés métallurgiques sont en lutte incessante avec leurs clients, les compagnies de chemins de fer, ils ne s'entendent pas facilement sur les prix de vente, sur les cahiers des charges ni sur toutes les questions commerciales où leurs intérêts sont opposés. Cela ne les empêche pas de reconnaître qu'ils ont un égal profit à voir améliorer les qualités de l'acier et ils se réunissent dans les congrès techniques pour discuter en commun ces questions. Ils fraternisent volontiers sur un terrain où leurs intérêts sont identiques. Ouvriers et patrons pourraient en faire autant.

Dans un avenir plus ou moins lointain toutes ces vérités élémentaires arriveront certainement à être généralement reconnues. Ce jour-là les ouvriers ne se mettront plus en grève à l'occasion de l'introduction de machines nouvelles dans leurs ateliers ; ils le feront plutôt lorsque leurs patrons trop peu instruits et trop lents à suivre le progrès industriel, ne leur permettront pas d'augmenter assez rapidement leur production et de mieux gagner ainsi leur vie. sans oublier pour cela d'exiger un partage équitable dans les bénéfices du travail fait en commun.

L'organisation scientifique du travail dans les usines proposée par F. Taylor est une réalisation des idées essentielles rappelées ici ; il demande aux chefs d'industrie d'employer leur science à multiplier la capacité de production de leurs ouvriers et à ceux-ci. il offre comme rémunération de leur rendement supérieur, une majoration importante des salaires, sans parler de la valeur plus grande donnée à l'argent par l'abaissement du prix de vente des objets fabriqués avec un moindre prix de revient.

Mais pour atteindre ce résultat, il faut auparavant généraliser la croyance au déterminisme économique, faire accepter la loi de l'enrichissement par l'accroissement de la production. C'est maintenant la bataille à gagner. Les sciences physiques ont décuplé dans le passé la richesse du monde ; les sciences économiques renouvelleront demain le même prodige.

Miribel les Echelles, 8 septembre 1911.

INTRODUCTION

Le Président Roosevelt, dans son adresse aux gouverneurs réunis à la Maison Blanche, remarquait que la conservation des ressources naturelles de l'Amérique n'est que le préliminaire de la question plus générale du rendement de la nation.

Le pays entier reconnut aussitôt l'importance de la conservation des ressources matérielles et ainsi commença un vaste mouvement dont les conséquences pratiques seront immenses. On n'a cependant qu'insuffisamment apprécié l'importance de cette question plus générale de l'augmentation du rendement national.

On voit les forêts dévastées, les forces hydrauliques gaspillées, le sol emporté à la mer par les inondations ; l'épuisement des gisements de charbon et de fer est proche. Mais le gaspillage journalier de l'effort humain, par maladresse, mauvaise direction ou incapacité et que M. Roosevelt considère comme une perte de rendement national, est moins visible, moins tangible et moins nettement appréciable. On se rend compte facilement des gaspillages de matériel ; on apprécie plus difficilement celui qui résulte de l'incapacité et de la maladresse des hommes. Son appréciation exige un effort de la mémoire et de l'imagination, et c'est pourquoi notre perte journalière de main-d'œuvre a beau être plus grande encore que notre gaspillage de matériel, nous sommes profondément affectés par celui-ci et celle-là nous a à peine émus.

Aussi bien le public ne s'est-il pas agité pour l'accroissement du **rendement national** ; il n'y a pas eu de meetings pour chercher les moyens de l'obtenir et cependant certains signes montrent que cette recherche répond, en général, à un besoin réel. La recherche d'hommes plus habiles et plus compétents, depuis les directeurs de grandes affaires jusqu'aux simples serviteurs, n'a jamais été plus active qu'aujourd'hui et jamais la demande d'hommes compétents n'a si considérablement dépassé l'offre. Ce que nous cherchons tous en effet, c'est l'homme qui connaît son métier et peut être immédiatement utilisé, l'homme qui a été formé par d'autres. Ce n'est qu'en nous persuadant qu'il est de notre devoir, comme de notre intérêt, de coopérer systématiquement à la formation de cet homme compétent, au lieu de le voler à d'autres, que nous travaillerons pour le rendement national.

L'idée directrice des générations passées était contenue dans le dicton suivant : « On naît chef d'industrie, on ne le devient pas », et la théorie était que lorsqu'on avait réussi à dénicher l'homme qui convenait à la place, on pouvait en toute sécurité lui laisser le choix des méthodes. Désormais, il faudra s'accoutumer à l'idée que nos chefs d'usines devront être formés à leur métier et qu'il n'y a pas d'homme, si habile soit-il, qui puisse espérer lutter avec succès contre un groupement d'hommes très ordinaires, mais bien organisés et coordonnant leurs efforts.

Dans le passé, l'homme était tout, ce sera désormais le système. Ce n'est pas à dire que des hommes de valeur ne soient pas nécessaires ; bien au contraire, le principal objet d'un bon système doit être de former des hommes d'élite et avec une organisation systématique, le meilleur sujet avancera plus sûrement et plus vite qu'il ne l'eût fait autrefois.

Cet ouvrage a été écrit :

1° Pour montrer par une série d'exemples simples, la perte immense que le pays tout entier subit chaque jour, dans tous les actes de la vie ;

2° Pour convaincre le lecteur que le remède est dans une organisation systématique et non dans la recherche d'hommes extrordinaires ;

3° Pour prouver que la meilleure organisation est une véritable science basée sur des règles, des lois et des principes bien définis ; que les principes fondamentaux d'organisation scientifique sont applicables à toutes les formes de l'activité humaine, depuis les plus simples de nos actes individuels, jusqu'aux travaux de nos grandes sociétés qui exigent la coopération la plus étudiée ; que lorsque ces principes sont correctement appliqués, les résultats obtenus sont remarquables.

Cet ouvrage avait été destiné tout d'abord, à faire l'objet d'une simple communication à l'American Society of Mechanical Engineers. Les exemples choisis s'adressent spécialement aux ingénieurs et chefs d'usines, mais ils intéressent également tous les hommes qui travaillent dans les établissements industriels. On espère qu'il apparaîtra clairement aux autres lecteurs, que ces mêmes principes peuvent être appliqués avec fruit, à toutes les formes de l'activité humaine, depuis les problèmes d'économie domestique, jusqu'aux questions plus complexes d'organisation et d'administration des institutions diverses que créent les nécessités de la vie sociale : exploitation des fermes, conduite des maisons de commerce grandes et petites ; administration des églises, des institutions philanthropiques, des Universités et fonctionnement des services publics.

PRINCIPES

D'ORGANISATION SCIENTIFIQUE

L'objet principal d'une organisation bien comprise doit être d'assurer à l'employeur et à chaque employé la prospérité maxima.

Les mots « prospérité maxima » sont pris dans leur sens le plus large, pour signifier non seulement de gros dividendes pour la compagnie ou le patron, mais encore le développement intégral de chaque branche de l'affaire, à un point tel que la prospérité soit permanente. De même, la prospérité maxima pour chaque employé ne consiste pas seulement dans un salaire plus élevé que celui des hommes de valeur égale : elle signifie surtout le moyen, pour chacun, d'atteindre son rendement maximum, de telle sorte qu'il soit capable de faire, le mieux possible, le travail approprié à ses capacités naturelles et qu'il soit plus tard susceptible d'être choisi spécialement pour faire ce travail.

Il semble évident que la prospérité maxima pour l'employeur et l'employé devrait être le but principal de l'organisation et cependant, dans tout le monde industriel, une grosse part de l'organisation des patrons et des ouvriers est faite plutôt pour la guerre que pour la paix : si bien que la plupart des uns et des autres sont probablement persuadés qu'il est impossible d'organiser leurs relations mutuelles, en vue de **la communauté des intérêts**.

Avec l'organisation scientifique, les intérêts véritables des deux partis sont les mêmes : la prospérité de l'employeur ne peut durer que si elle est accompagnée de celle de l'employé et inversement ; il est ainsi possible de donner à l'un et à l'autre ce qu'ils désirent ; à l'ouvrier, de gros salaires et au patron, une main-d'œuvre bon marché.

On espère que certaines personnes qui n'admettent pas volontiers ces théories seront amenées par la suite à modifier leur manière de voir, que certains patrons qui se sont efforcés jusqu'à présent, d'obtenir le plus possible de leurs ouvriers en les payant le moins qu'ils peuvent, emploieront une méthode plus douce et relèveront les salaires, que certains ouvriers n'auront plus l'impression de faire gagner uniquement de beaux bénéfices à leurs employeurs et sentiront qu'une partie des fruits de leur travail leur reviendra.

Tout le monde reconnaît que lorsqu'un homme travaille seul, son affaire est d'autant plus prospère que cet homme est plus voisin de son rendement maximum. Ce fait se vérifie dans le cas suivant : si votre ouvrier et vous êtes devenus si habiles que vous puissiez faire par jour, deux paires de souliers, alors que votre concurrent et son ouvrier n'en font qu'une, il est clair que vous pourrez payer votre ouvrier plus cher que votre concurrent ne payera le sien et qu'il vous restera encore assez d'argent pour faire de plus beaux bénéfices que lui. Si on examine le cas d'une affaire industrielle plus compliquée, il est évident que la plus grande prospérité pour le patron et l'ouvrier sera atteinte, lorsque le travail exigera la dépense minima d'effort humain, les charges résultant des matières premières et de l'amortissement des frais d'installation étant les mêmes. Cette prospérité est en effet la conséquence de la productivité maxima des hommes et des machines de l'usine, les unes et les autres travaillant avec leur meilleur rendement. Si vos hommes et vos machines font chaque jour, plus de travail que ceux de vos concurrents, vous pourrez payer évidemment à vos ouvriers de meilleurs salaires qu'eux. On verra plus loin, des exemples de diverses affaires qui distribuent de beaux dividendes et payent en même temps à leurs ouvriers des salaires plus élevés de 30 à 100 0/0 que

leurs concurrents. Ces exemples s'appliquent à toute espèce
de métiers, depuis les plus simples jusqu'aux plus compliqués.

Il ressort des considérations précédentes que le but essentiel vers lequel doivent tendre les directeurs d'usine et le personnel ouvrier, doit être de former chaque individu, de manière à lui faire exécuter le plus rapidement possible, le travail qui convient le mieux à ses aptitudes naturelles.

LIMITATION DE LA PRODUCTION

Ces principes semblent si évidents, qu'il peut paraître un
peu puéril de les énoncer. Examinons cependant ce qui se
passe actuellement en Amérique et en Angleterre. Les Américains et les Anglais sont les meilleurs hommes de sport du
monde ; si un ouvrier américain joue au Base Ball ou un
Anglais au Cricket, il emploie toutes ses facultés pour assurer
la victoire à son camp et gagner le plus grand nombre possible de points. Ce sentiment universel est si fort, qu'un
homme qui se ménage en pareille circonstance, est disqualifié
et méprisé de tous ceux qui l'entourent.

Quand ce même ouvrier retourne à l'usine le lendemain,
loin de s'efforcer de travailler de son mieux, il s'arrange le
plus souvent, pour faire délibérément le moins de travail possible. Dans beaucoup de cas, ce travail ne représente que le
tiers ou la moitié de la tâche d'une journée consciencieusement remplie ; car s'il s'efforçait d'abattre le plus d'ouvrage
possible, cet ouvrier serait persécuté par ses camarades d'atelier, plus encore que s'il s'était ménagé devant ses camarades
de jeu. Cette flânerie, caractérisée par la limitation systématique de la production, est à peu près universelle dans les
usines ; elle se remarque aussi dans les affaires et on peut
assurer, sans crainte d'être contredit, qu'elle constitue le pire
défaut de la classe ouvrière en Angleterre et en Amérique.

On verra plus loin, qu'on peut arriver à doubler sensiblement le rendement de chaque homme et de chaque machine,
en pourchassant cette flânerie sous toutes ses formes et en
réglant les relations entre employeurs et employés, de telle

sorte que chaque ouvrier travaille de son mieux et le plus vite possible, sur les indications et avec l'appui de la direction. Quelles réformes, parmi toutes celles qu'on discute aujourd'hui, pourrait mieux que celle-ci amener la prospérité et diminuer le paupérisme ? L'Angleterre et l'Amérique ont été agitées récemment par des questions de tarifs, le contrôle des grandes sociétés, de projets plus ou moins socialistes, de taxations, etc... Ces peuples ont été profondément troublés par ces problèmes ; et c'est à peine si une voix s'est élevée pour appeler l'attention sur l'important sujet de la limitation de l'effort qui affecte directement les salaires, la prospérité et la vie de chaque travailleur et de chaque établissement industriel du pays.

La disparition de cette flânerie provoquerait un tel abaissement du prix de revient, que nos marchés intérieurs et extérieurs seraient considérablement élargis ; ainsi disparaîtrait une des causes fondamentales de nos difficultés sociales, le paupérisme, et cette infortune serait soulagée d'une manière plus efficace et plus complète que par les remèdes appliqués jusqu'ici. On assurerait ainsi des salaires élevés, une tâche journalière plus courte et des conditions meilleures de travail et d'habitation. S'il est si évident que la prospérité ne peut exister que comme un corollaire de l'effort conscient de chaque travailleur pour produire la tâche journalière la plus forte possible, comment se fait-il que la grande majorité des hommes fasse délibérément le contraire et qu'il soit impossible, en général, à un homme de bonne volonté, d'atteindre son rendement maximum ?

Il y a à cela trois causes principales que l'on peut résumer ainsi :

1° L'erreur existant depuis un temps immémorial chez les ouvriers, que l'augmentation du rendement de chaque homme ou de chaque machine aurait pour conséquence de faire congédier un certain nombre d'ouvriers ;

2° Les systèmes défectueux d'organisation qui sont communément employés et qui forcent, pour ainsi dire, chaque ouvrier de flâner, pour sauvegarder ses intérêts ;

3° Les méthodes empiriques à peu près universellement

employées, grâce auxquelles l'effort de l'ouvrier est mal utilisé.

Expliquons un peu plus complètement ces trois causes :

1° La grande majorité des ouvriers est encore persuadée qu'en travaillant le plus vite possible, on risque de causer un préjudice sérieux à la communauté, en faisant congédier un certain nombre de camarades. L'histoire du développement de chaque affaire montre cependant, que chaque perfectionnement, invention d'une nouvelle machine ou amélioration d'une méthode correspond à une augmentation de la capacité productrice des sommes et à un abaissement du prix de revient et que loin de faire congédier les ouvriers, il permet, somme toute, d'en faire travailler davantage.

La baisse de prix d'un objet usuel correspond immédiatement à une augmentation de la demande de cet objet. Reprenons le cas des souliers. L'introduction de la machinerie dans cette fabrication, autrefois faite entièrement à la main, a eu pour conséquence d'abaisser le prix de revient et le prix de vente de cet article, à un point tel que chacun des membres de la classe ouvrière peut acheter une ou deux paires de souliers par an et est constamment chaussé. Autrefois au contraire, l'ouvrier n'achetait qu'une paire de souliers tous les cinq ans et allait le plus souvent pieds nus ; l'usage de souliers était alors un luxe et non pas une nécessité absolue. Malgré l'accroissement énorme de production par ouvrier employé, la demande a tellement augmenté que cette industrie occupe actuellement plus d'hommes qu'autrefois.

Dans chaque métier, les ouvriers ont devant les yeux des faits de choses de ce genre, mais comme ils ignorent l'histoire de leur propre industrie, ils s'obstinent à croire, comme croyaient leurs pères, qu'il est contraire à l'intérêt de tous, de ne pas limiter leur effort.

Partant de cette idée fausse, une grande partie des ouvriers américains et anglais s'arrangent chaque jour, pour travailler lentement et réduire leur rendement. Chaque syndicat ouvrier a fait ou est sur le point de faire des règlements dont l'objet est de réduire le rendement de leurs membres et les hommes qui ont la plus grande influence sur la classe ouvrière, les chefs de parti et les gens à allures philanthropiques qui les secondent, répandent tous les jours cette erreur et persuadent en même temps les ouvriers qu'ils sont surmenés. On a beaucoup écrit et on écrira beaucoup encore sur le surmenage dans les ateliers. On peut avoir une grande sympathie pour ceux qui sont surmenés, mais une bien plus grande encore pour ceux qui sont mal payés. Car pour un ouvrier surmené, il y en a cent qui, intentionnellement, limitent leur effort chaque jour de leur vie et qui, de propos délibéré, établissent un état de choses d'où résultent inévitablement les bas salaires. Et c'est à peine si une voix s'élève pour faire cesser cette énormité.

Nous autres, ingénieurs et directeurs, sommes plus familiarisés avec ces faits que tout autre et sommes bien placés pour combattre cette idée en faisant l'éducation, non seulement des ouvriers, mais encore de nos compatriotes ; et cependant, nous ne faisons pratiquement rien dans ce sens et laissons le champ libre aux agitateurs dont la plupart sont ignorants et dévoyés et aux personnes sentimentales qui ne savent rien des conditions modernes du travail ;

2° La seconde cause de flânerie (les relations qui existent entre patrons et ouvriers dans tous les systèmes d'organisation communément adoptés) demande à être plus longuement expliquée. L'ignorance des employeurs du temps véritable nécessaire pour exécuter tel ou tel travail, fait qu'il est de l'intérêt de l'ouvrier de flâner.

L'auteur a cherché à expliquer cette cause de flânerie, dans une communication à l'American Society of Mechanical Engineers intitulée « Shop Management » (1) et dans laquelle il s'exprime ainsi :

« Cette perte de temps résulte de deux causes : en premier lieu de l'instinct naturel et de la tendance des ouvriers à prendre leurs aises, ce qu'on peut appeler la flânerie naturelle ; en second lieu d'idées et de raisonnements plus ou moins confus, issus de leurs rapports avec les autres ouvriers, ce qu'on peut appeler la flânerie systématique.

« Il est indiscutable que la tendance de la moyenne des hommes, dans tous les actes de la vie, incline vers une allure

____

(1) Juin 1903 et *Rev. de Métall.*, IV, 643 (1907).

de travail lente et commode et ce n'est qu'après mûre réflexion et beaucoup d'observations de leur part ou bien comme résultat de l'exemple, de la conscience ou d'une pression extérieure, qu'ils adoptent une allure plus rapide.

« Il se trouve bien entendu, des hommes d'énergie, d'activité, d'ambition exceptionnelles qui choisissent naturellement l'allure la plus rapide, se surpassent eux-mêmes et travaillent ferme, même quand cela est contraire à leurs plus grands intérêts. Mais ces natures d'exception ne servent qu'à donner, par contraste, du relief à la tendance moyenne.

« Cette tendance commune d'en prendre à son aise s'accroît lorsqu'on met un certain nombre d'ouvriers ensemble, sur un travail similaire et qu'on les paye à un tarif journalier uniforme.

« Dans ce système, les meilleurs ouvriers ralentissent graduellement, mais sûrement, leur vitesse jusqu'à celle des ouvriers les plus mauvais et les moins productifs. Quand un homme naturellement énergique travaille pendant quelques jours à côté d'un paresseux, il est amené logiquement au raisonnement sans réplique suivant : « Pourquoi travaillerais-je plus que ce fainéant qui gagne autant que moi et qui produit moitié moins ? »

« Une étude soigneuse de l'emploi du temps des ouvriers travaillant dans ces conditions, révèlera des faits aussi ridicules que tristes.

« Exemple : l'auteur a chronométré le temps employé par un ouvrier naturellement énergique qui, lorsqu'il se rendait à son travail ou en revenait, marchait à une allure de 5 à 6,5 km. à l'heure et fréquemment courait en rentrant chez lui à la fin de sa journée. En arrivant à son atelier, il ralentissait immédiatement à la vitesse d'environ 1.600 m. à l'heure. Quand par exemple, il roulait un chariot chargé, il marchait à assez vive allure, même en montée, de manière à subir la charge le moins de temps possible. mais dès qu'il revenait à vide, il ralentissait à l'allure de 1.600 m. environ. exploitant tous les sujets de retard et pour être sûr de ne pas faire plus que son voisin paresseux, il se fatiguait à force de lenteur.

« Ces hommes travaillaient sous la direction d'un chef d'atelier de bonne réputation. très estimé de son patron. Or, quand

on appela son attention sur cet état de choses, il répondit :
« Fort bien, je peux les empêcher de s'asseoir, mais le diable
ne leur ferait pas faire un mouvement plus vite lorsqu'ils sont
à l'ouvrage. »

« La paresse naturelle des hommes est grave, mais le mal
de beaucoup le plus grand dont souffrent ouvriers et patrons,
est la flânerie systématique, à peu près universelle dans tous
les systèmes ordinaires d'organisation. Celle-ci résulte d'une
étude attentive, de la part des ouvriers, de ce qui favoriserait
leurs meilleurs intérêts.

« L'auteur écoutait récemment avec intérêt, un petit apprenti
de douze ans déjà expérimenté, expliquant à un apprenti plus
neuf qui avait témoigné d'une énergie et d'un entrain spéciaux, la nécessité d'aller lentement et lui démontrant que
puisqu'ils étaient payés à l'heure, plus il allait vite, moins il
gagnait d'argent, enfin que s'il allait trop vite, les camarades
le gratifieraient d'une raclée.

« C'est là un exemple de flânerie systématique, peu grave
à la vérité, puisqu'elle est pratiquée au su de l'employeur qui
peut facilement, s'il le veut, la faire cesser.

« Cependant la majeure partie de la flânerie systématique
est pratiquée par les ouvriers, avec l'intention délibérée de
tenir leurs patrons dans l'ignorance de la vitesse à laquelle
on peut faire un travail .

« Cette flânerie est si universellement pratiquée dans ce
but qu'on aurait peine à trouver dans un grand établissement,
un ouvrier travaillant à la journée ou aux pièces, à l'entreprise ou suivant tout autre système ordinaire, qui ne passe une
partie considérable de son temps à étudier quelle est la juste
lenteur avec laquelle il doit travailler, pour convaincre encore
son patron qu'il marche à bonne allure.

« Les causes de cet état de choses sont que pratiquement,
tous les patrons se fixent une somme maximum qu'ils croient
équitable d'attribuer par journée, à chacune de leurs catégo-
ries d'employés, que ceux-ci travaillent à la journée ou aux
pièces.

« Chaque ouvrier a tôt fait de déterminer le chiffre qui s'applique à son cas et il se convainc également que si son patron

se persuadait qu'un ouvrier est capable de faire plus que lui ne produit, il trouverait tôt ou tard un moyen de forcer son ouvrier à fournir ce supplément de travail, avec peu ou point d'augmentation de salaire.

« Les employeurs tiennent leur connaissance de la quantité de travail qu'on peut produire, soit de leur propre expérience qui s'altère fréquemment avec l'âge, soit d'observations occasionnelles et sans méthode faites sur leurs ouvriers, soit, ce qui vaut mieux, de notes prises et donnant le temps minimum dans lequel chaque travail a été effectué. En beaucoup de cas, l'employeur est à peu près certain qu'un travail donné pourrait se faire plus rapidement qu'il n'est fait, mais il a rarement la précaution de prendre les mesures nécessaires pour forcer les ouvriers à faire le travail dans le minimum de temps, à moins qu'il ne possède une observation effective, montrant d'une façon péremptoire avec quelle rapidité cela peut être fait.

« Ainsi il devient évident, pour chaque ouvrier, que son intérêt est de veiller à ce qu'aucun travail ne soit fait plus vite qu'il ne l'a été jusqu'alors. Les camarades plus jeunes et moins expérimentés sont instruits dans ce principe, par leurs anciens qui emploient toute la persuasion et toute la pression possibles pour réagir contre les compagnons avides et égoïstes et les empêcher d'établir de nouveaux records qui auraient pour résultat temporaire, une augmentation de leurs salaires et cela parce que tous ceux qui viendraient après eux, devraient travailler plus pour l'ancienne rémunération.

« Avec le meilleur système ordinaire de rémunération à la journée, si l'on note soigneusement la quantité de travail fait par chaque ouvrier et son rendement, si l'on relève le salaire de l'ouvrier qui se perfectionne, si l'on congédie tous ceux qui tombent au dessous d'une certaine moyenne et qu'on les remplace par un nouveau recrutement d'hommes soigneusement choisis, on peut faire disparaître, dans une large mesure, la flânerie naturelle et la flânerie systématique. Toutefois, cela ne peut être réalisé que si les ouvriers sont parfaitement convaincus qu'on n'a pas l'intention d'instaurer le travail aux pièces, dans un avenir plus ou moins éloigné. Or, de cela, il est presqu'impossible de les persuader, lorsque la nature de la besogne est telle qu'ils puissent croire praticable le travail aux pièces. Dans la plupart des cas, la crainte d'établir un record, dont on se servira comme base de travail aux pièces, les incitera à flâner autant qu'ils oseront.

« Néanmoins, c'est dans le mode de travail aux pièces que l'art de la flânerie systématique est parfaitement développé ; lorsqu'un ouvrier a vu le prix de la pièce qu'il produit, baisser deux ou trois fois, parce qu'il a travaillé plus vite et augmenté son rendement, il est porté à abandonner entièrement le point de vue de son patron et s'obstine dans la résolution de ne plus subir de réduction de tarif, si la flânerie peut l'en préserver. Malheureusement pour le caractère de l'ouvrier, la flânerie implique une tentative délibérée de tromper son employeur, en sorte que des ouvriers francs et droits se voient contraints à devenir plus ou moins hypocrites. Bientôt le patron leur apparaît comme un antagoniste, sinon comme un ennemi, et la confiance mutuelle qui existait entre le chef et ses subordonnés, l'enthousiasme, le sentiment qu'ils travaillaient tous au même but et profitaient ensemble du résultat font totalement défaut.

« Cet antagonisme, issu du système ordinaire de travail aux pièces devient, en bien des cas, si marqué de la part des ouvriers, que toute proposition faite par les patrons, quoique raisonnable, est entourée de suspicion ; la flânerie devient alors une habitude si invétérée, que fréquemment, les ouvriers s'efforcent de restreindre la production des machines qu'ils conduisent, même alors qu'une grande augmentation de production ne leur donnerait pas plus de travail. »

3° Une étude détaillée de la troisième cause de perte de temps montre le gain considérable qui résulte pour les patrons et les ouvriers, de la substitution à l'empirisme de la méthode scientifique, dans les plus petits détails de chaque espèce de travail. L'économie de temps et l'augmentation de rendement qui en résultent, sont obtenues en éliminant les mouvements inutiles, en remplaçant les mouvements lents et malhabiles par des mouvements rapides. Elles ne peuvent être pleinement réalisées qu'après une étude complète des mouvements et des temps, faite par un homme compétent.

NÉCESSITÉ DE L'ÉTUDE SCIENTIFIQUE DES CONDITIONS
DU TRAVAIL

Il ne faut pas oublier que les ouvriers de toutes nos industries ont appris les détails de leur travail, en observant ceux qui les entourent immédiatement. Il existe beaucoup de manières différentes de faire la même chose, 40, 50 ou 100 peut-être dans la même usine, et c'est pour cela qu'il existe une grande variété d'outils pour faire le même travail. Parmi les méthodes et outils employés dans chaque opération, il y a toujours une méthode et un outil plus rapides et meilleurs que les autres. Ils ne peuvent être découverts qu'à la suite d'une analyse scientifique de toutes les méthodes et outils employés par l'atelier, analyse basée sur une étude exacte et minutieuse des mouvements et des temps. C'est ainsi que la science peut remplacer graduellement l'empirisme dans les arts mécaniques.

La philosophie fondamentale de tous les anciens systèmes d'organisation veut que chaque ouvrier ait la responsabilité de faire son travail comme il l'entend et sans qu'il ait, en général, de conseil à recevoir de la direction. Cet isolement de l'ouvrier fait qu'il lui est le plus souvent impossible de travailler en se conformant aux règles et aux lois de la science de son métier, quand une telle science existe. On peut poser en principe général et des exemples le prouveront dans la suite, que dans presque tous les arts mécaniques, la science qui régit les opérations de chaque ouvrier est si compliquée, que l'ouvrier le plus qualifié pour exécuter une de ces opérations, est incapable de posséder complètement cette science, faute d'éducation ou de capacités intellectuelles. Il doit être guidé et aidé par ses chefs et ses camarades. Le travail devant être fait suivant les lois scientifiques, il est nécessaire de diviser plus également qu'il n'a été fait jusqu'ici, la responsabilité entre la direction et l'ouvrier. Ceux dont la fonction est de développer cette science, doivent l'enseigner à l'ouvrier et assumer une part importante de la responsabilité des résultats.

Pour faire exécuter le travail conformément à des lois scien-

tifiques, la direction doit étudier et exécuter elle-même, beaucoup de choses actuellement abandonnées à l'initiative de
l'ouvrier. Chacune des opérations faites à l'atelier doit être
précédée d'une ou plusieurs études préparatoires de la direction qui permettront à l'ouvrier de faire son travail, mieux
et plus vite qu'auparavant. Il lui faudra recevoir chaque jour,
les conseils et les instructions bienveillantes de ses chefs,
moyennant quoi il ne sera plus bousculé ni pressé par son
contremaître ou laissé à sa propre inspiration.

Cette coopération étroite, intime, personnelle, entre la direction et les ouvriers, est l'essence de l'organisation scientifique
moderne.

On verra par une série d'exemples pratiques, que cette coopération bienveillante, répartissant également les charges du
labeur journalier, a fait disparaître tous les grands obstacles
qui s'opposaient à l'obtention du rendement maximum de
chaque homme et de chaque machine. Une augmentation de
30 à 100 0/0 des salaires, jointe au contact intime et continuel
de l'ouvrier avec la direction, a éliminé entièrement toute
cause de flânerie. Les ouvriers ont pu se rendre compte, au
bout de peu d'années, qu'une augmentation appréciable de
rendement par homme occupé, a pour résultat de faire employer plus d'ouvriers et non d'en faire licencier, comme ils
en étaient autrefois faussement persuadés.

NÉCESSITÉ D'UNE ORGANISATION SCIENTIFIQUE

Il ne suffit pas cependant de faire l'éducation des ouvriers
et de tout le personnel dirigeant pour obtenir le rendement
maximum. Il faut, pour résoudre complètement ce problème,
adopter une organisation scientifique et moderne du travail.
Cette organisation n'est pas fondée sur de pures spéculations
de l'esprit : la philosophie du système n'a commencé à être
nettement comprise qu'après une évolution graduelle, s'éten-
dant sur une période de près de 30 années, pendant lesquelles
les employés de plusieurs compagnies appartenant à diverses

branches de l'industrie ont été amenés graduellement et successivement à employer ce mode d'organisation.

A l'heure qu'il est, 50.000 ouvriers américains travaillent
sous ce régime ; ils reçoivent des salaires supérieurs de 30 à
100 0/0 à ceux qui sont payés à des hommes de même valeur
dans les usines voisines et les compagnies qui les occupent
sont plus prospères que jamais ; dans ces compagnies, le rendement par homme et par machine a sensiblement doublé ;
depuis l'institution de ce système, on n'a signalé aucune grève
dans les usines qui l'emploient ; bien au contraire, la suspicion et l'état de guerre plus ou moins ouverte qui caracté-
risent l'état des relations entre le personnel et les anciennes
directions, ont fait place à une coopération amicale entre
patrons et ouvriers.

On a décrit, dans un certain nombre d'articles, les expédients adoptés et les étapes suivies pendant la transformation
de l'ancien au nouveau type d'organisation ; malheureusement, beaucoup de lecteurs se sont mépris sur la véritable
essence du système. L'organisation scientifique comporte un
certain nombre de principes généraux, une certaine philosophie, que l'on peut appliquer de différentes façons et le mécanisme qu'emploie tel ou tel pour appliquer de son mieux ces
principes généraux, ne doit pas être confondu avec ces principes eux-mêmes. On ne prétend pas apporter une panacée
universelle pour conjurer tous les troubles qui surgissent entre
les travailleurs et leurs employeurs. Tant qu'il y aura des
hommes paresseux, maladroits, avides ou brutaux, tant que
le vice et le crime existeront sur la terre, il y aura de la pau-
vreté, de la misère et des infortunes. Aucun système d'organisation, aucun expédient ne pourront assurer une prospérité
continue, pour les ouvriers et les patrons. La prospérité dépend
de tant de facteurs échappant au contrôle d'un groupement
d'hommes ou d'un pays, qu'il arrivera inévitablement certaines périodes où les deux partis auront plus ou moins à
souffrir. Mais du moins, avec une organisation scientifique
remplaçant les méthodes empiriques actuelles, les périodes
intermédiaires seront plus prospères, plus heureuses, plus
libres de discordes et de dissensions et les périodes de trouble

seront plus courtes, moins fréquentes et moins cruelles pour les uns et les autres. L'auteur a la ferme conviction que ces principes seront tôt ou tard universellement appliqués dans le monde civilisé et il souhaite, pour le bonheur de tous, que ce soit le plus tôt possible.

PRINCIPES D'ORGANISATION SCIENTIFIQUE ET COMPARAISON
AVEC LES MÉTHODES D'ORGANISATION ANTÉRIEURES

Tout homme qui s'intéresse à l'organisation scientifique se pose, en général, les trois questions suivantes :

1° Quelles sont les différences essentielles entre les principes de direction scientifique et ceux des systèmes ordinairement employés ?

2° Pourquoi obtient-on de meilleurs résultats par l'organisation scientifique ?

3° Le problème essentiel est-il de mettre à la tête de l'affaire, un homme de premier ordre et cet homme doit-il avoir le choix de sa méthode d'organisation ?

Nous essaierons de répondre à ces trois questions, dans les pages suivantes.

Avant de poser les principes qui régissent l'organisation scientifique, il semble utile d'esquisser ce que nous croyons être le meilleur type d'organisation communément employé aujourd'hui. On pourra apprécier de la sorte, la grande diffé rence qui existe entre les deux systèmes.

Dans un établissement industriel qui emploie 500 à 1.000 ou vriers, on trouve le plus souvent 20 à 30 corps de métiers différents. Les ouvriers de chacune de ces spécialités ont appris leur métier par une tradition continue. depuis les années lointaines où leur atelier a été fondé et conduit, sous sa forme rudimentaire, par l'ancien ouvrier apte à tous les travaux, jusqu'à l'état actuel de subdivision du travail toujours croissante, où chaque homme est spécialisé pour un travail déterminé.

L'ingéniosité de chaque génération a développé des méthodes toujours plus rapides et meilleures pour faire chaque élément du travail. Il semblerait qu'on pût considérer les méthodes actuellement en usage, comme le résultat d'une évolution d'où sont sorties les idées les plus justes. Aussi bien, cette vérité n'est-elle qu'apparente ; ceux qui connaissent intimement un métier, savent fort bien que ce qu'on rencontre le moins, est l'uniformité des méthodes ; au lieu d'avoir une façon d'agir généralement acceptée comme un modèle, on emploie journellement 50 ou 100 manières différentes de faire chaque élément du travail. Un peu de réflexion permet d'assurer qu'il a dû en être ainsi de tout temps, depuis que les méthodes se transmettent d'ouvrier à ouvrier par la tradition ou sont apprises, comme c'est le plus souvent le cas, à peu près inconsciemment par l'observation personnelle. Elles n'ont jamais été codifiées, ni systématiquement analysées ou décrites.

Il est bien certain que chaque génération a transmis à la génération suivante des méthodes meilleures que celles qu'elle avait reçues et qui étaient le fruit de l'ingéniosité et de l'expérience de nombreuses années. Mais l'empirisme et la tradition constituent encore le fond principal des connaissances professionnelles de l'ouvrier. Avec les organisations du type courant, les directeurs reconnaissent que les 500 à 1.000 ouvriers qu'ils emploient, possèdent cet ensemble de connaissances traditionnelles, dont une large part échappe à la direction. Celle-ci comprend cependant des contremaîtres et des chefs de service qui ont été eux-mêmes, le plus souvent, des ouvriers de premier ordre dans leur métier. Mais ces contremaîtres et chefs de service savent mieux que personne, que leur adresse et leur science personnelles sont bien au-dessous de l'adresse et de la science combinées de tous les ouvriers qu'ils ont sous leurs ordres. Les directeurs les plus expérimentés en sont donc réduits à laisser résoudre par leurs ouvriers, le problème qui consiste à exécuter le travail de la façon la meilleure et la plus économique. Le rôle de la direction est alors de persuader chaque ouvrier d'employer sa connaissance traditionnelle, son adresse, son ingéniosité, sa force et sa bonne volonté, en un mot son initiative, de manière à donner le plus de profit possible à son patron. Le problème consiste donc pour la direction, à obtenir de chaque ouvrier sa meilleure initiative, le mot initiative étant pris dans son sens le plus large et synthétisant les meilleures qualités qu'on exige d'un homme.

D'autre part, aucun directeur intelligent ne peut espérer l'initiative complète de ses hommes, s'il n'est pas disposé à leur donner quelque chose de plus que ce qui constitue le salaire habituel. Ceux qui ont été directeurs ou qui ont travaillé eux-mêmes à un métier, savent fort bien combien l'ouvrier moyen est loin de donner à son employeur toute son initiative. Il y a bien 19 usines sur 20 où les ouvriers sont persuadés qu'il serait directement contraire à leurs intérêts d'agir de la sorte ; au lieu d'essayer de faire le plus de besogne possible et de la meilleure qualité, ils travaillent délibérément aussi lentement qu'ils l'osent, tout en essayant de faire croire à leurs supérieurs qu'ils travaillent vite.

Pour qu'il puisse espérer obtenir l'initiative de ses hommes, le directeur doit leur apporter un stimulant spécial, lorsqu'ils produisent plus que la moyenne de l'atelier. Ce stimulant peut être donné de différentes manières, sous forme d'espérance d'avancement rapide, de salaires plus élevés (prix forts à la tâche, primes ou bonifications pour travail rapide), sous forme encore de journées plus courtes, de conditions de travail plus agréables. Mais ce stimulant spécial doit être accompagné surtout de cette considération personnelle et de ces relations cordiales qui ne se rencontrent chez un chef que si celui-ci s'intéresse sincèrement au bien-être de ses subordonnés. Ce n'est qu'en donnant un stimulant de ce genre que l'employeur peut espérer obtenir l'initiative de ses ouvriers. Dans les organisations du type ordinaire, cette nécessité a été si généralement reconnue, que le plus grand nombre des industriels songent à fonder l'organisation entière de leur usine sur un des systèmes de salaire modernes, tels que le travail aux pièces, avec primes, etc... Avec une organisation scientifique, le système de salaire adopté n'est qu'un élément accessoire.

En résumé, le meilleur type d'organisation actuellement employé peut être défini comme un système dans lequel l'ouvrier donne sa meilleure initiative et reçoit en retour, un stimulant spécial de l'employeur. Cette organisation qu'on peut appeler système « initiative et stimulant » est en contradiction complète avec l'organisation scientifique.

L'engouement en faveur de la méthode « initiative et stimulant » est si grand, que les avantages purement théoriques de la méthode scientifique ne suffiraient probablement pas pour convaincre la plupart des gens. C'est par une série d'exemples pratiques de travaux exécutés récemment avec l'un et l'autre système, qu'on espère prouver l'immense supériorité de cette méthode scientifique. Certains principes élémentaires existent cependant, qui en constituent l'essence et la philosophie et qui apparaîtront dans chacun des exemples pratiques. Ces principes sont si simples, qu'il semble désirable de les exposer, avant d'étudier les applications pratiques.

Le succès dans les anciennes méthodes de direction consiste uniquement dans l'art de faire donner aux ouvriers toute leur initiative. Ce résultat est rarement atteint.

Dans le système scientifique, cette initiative est obtenue avec une uniformité absolue et à un degré plus grand que dans l'ancienne méthode. Mais, à côté de cet effort exigé de l'ouvrier, il existe pour la direction de nouveaux devoirs, de nouvelles charges et des responsabilités inconnues dans le passé.

Il lui faut par exemple, rechercher les méthodes de travail traditionnelles employées à chaque époque par les ouvriers, les classer, les comparer, en déduire les règles, les lois et les formules qui doivent guider désormais les ouvriers dans le travail de chaque jour. Ces obligations nouvelles peuvent se grouper sous quatre titres :

1° Développer pour chaque élément du travail de l'ouvrier, une science remplaçant les anciennes méthodes empiriques ;

2° Spécialiser, former et entraîner l'ouvrier, au lieu de le laisser choisir son métier comme autrefois et l'apprendre comme il le pouvait ;

3° Coopérer cordialement avec les hommes, pour obtenir que le travail soit bien fait suivant les principes posés ;

4° Partager également la responsabilité et la tâche entre la direction et les ouvriers, la direction se chargeant de tout ce qui dépasse la compétence de ceux-ci.

Cette coopération de l'ouvrier travaillant avec toute son initiative et de la direction assumant une partie de la tâche est la cause de la supériorité de la méthode scientifique sur l'ancien système. Les trois premiers de ces éléments existent souvent, il est vrai, dans le système « initiative et stimulant », mais d'une manière vague et rudimentaire ; ils constituent, au contraire, l'essence véritable de l'organisation nouvelle. Le quatrième élément, partage égal de la responsabilité entre les travailleurs et la direction, demande quelques explications complémentaires.

La philosophie du système « initiative et stimulant » exige que chaque ouvrier assume la responsabilité de toute l'exécution, de l'ensemble aussi bien que des détails, le plus souvent encore le choix de l'outillage convenable et fournisse en outre tout le travail physique nécessaire. Mais le développement d'une science exige l'établissement de lois et de formules destinées à remplacer les règles empiriques de l'ouvrier, lois qui doivent être vérifiées et enregistrées systématiquement avant d'être employées dans la pratique courante de l'atelier. L'emploi de ces données scientifiques exige l'installation d'un bureau, où les éléments sont classés et où celui qui les utilise peut s'installer tranquillement pour déterminer les éléments dont il a besoin. Tout ce travail, dans l'ancien système, était fait par l'ouvrier lui-même et résultait de son expérience personnelle ; mais quelque habile que soit l'ouvrier et quelque habitude qu'il ait des méthodes scientifiques, il lui est matériellement impossible de travailler en même temps à sa machine et dans un bureau. Il faut donc, dans la majorité des cas, un homme uniquement occupé à préparer le travail et un autre chargé de l'exécuter.

L'homme dont la spécialité est de préparer le travail, trouve invariablement que l'ouvrage peut être fait mieux et plus économiquement. par la division du travail ; il trouve aussi que chaque opération sur une machine-outil par exemple, doit être précédée d'études préparatoires, faites par des hommes spéciaux. C'est pourquoi, dans l'organisation scientifique du travail, la responsabilité de l'exécution de la tâche est également partagée entre la direction et l'ouvrier.

En résumé, dans le système « initiative et stimulant », le problème regarde uniquement l'ouvrier, tandis que dans le système d'organisation scientifique, la moitié du problème est du ressort de la direction.

L'élément le plus important sans doute de la méthode scientifique est l'idée de tâche. Le travail de chaque ouvrier est préparé entièrement par les soins de la direction, un jour au moins à l'avance et chaque homme reçoit des instructions écrites complètes, décrivant en détail la tâche qu'il doit accomplir et comment il doit s'y prendre pour l'exécuter. Le travail préparé ainsi à l'avance, constitue une tâche que l'ouvrier ne remplit pas seul, puisque sa détermination représente un travail effectif de la direction. Dans cette tâche, il est spécifié non seulement ce qu'il faut faire, mais comment et en combien de temps exactement il faut le faire. Toutes les fois que l'ouvrier réussit à accomplir sa tâche, convenablement et dans le temps spécifié, il reçoit une majoration de 30 à 100 0 0 de son salaire ordinaire. Les tâches sont préparées soigneusement, de telle sorte que leur exécution exige un travail consciencieux et soigné, exécuté à une vitesse telle qu'en aucun cas l'ouvrier ne doive travailler à une allure nuisible à sa santé. Elles sont toujours réglées de telle sorte que l'homme qui les remplit soit capable de travailler ainsi pendant des années, sans craindre le surmenage. L'organisation scientifique consiste en grande partie à préparer et à exécuter de pareilles tâches.

Ces quatre principes qui différencient les deux systèmes de direction, peuvent paraître à certains lecteurs de simples phrases sans portée. Leur énoncé ne suffit pas évidemment à prouver leur valeur. Cette démonstration ne peut être faite que par des exemples pratiques. On va exposer d'abord qu'ils peuvent être appliqués à toute espèce de travaux, depuis les plus élémentaires jusqu'aux plus compliqués et ensuite que leur application produit des résultats incomparablement supérieurs à ceux que l'on peut obtenir avec le système « initiative et stimulant ».

ÉTUDE DE LA MANUTENTION DES GUEUSES DE FONTE

Le premier exemple étudié est celui de la manutention des gueuses de fonte qui peut être considéré comme le type d'une des formes de travail les plus rudimentaires et les plus simples qu'on puisse demander à des hommes. Elle n'exige de leur part aucun autre outillage que leurs bras. L'ouvrier se baisse, saisit une gueuse pesant environ 45 kg., fait quelques pas et dépose la gueuse sur le sol ou sur un tas. Cette besogne est si simple et si élémentaire qu'il serait peut-être possible de dresser un gorille intelligent pour en faire un chargeur de gueuses plus économique qu'un homme. On va voir cependant, que la science du transport des gueuses est si compliquée, qu'il est impossible à un homme rompu à ce travail d'en comprendre les principes et même, s'il les comprend, de les suivre, sans l'aide d'un homme plus instruit que lui. D'autres exemples feront voir qu'il en est de même dans tous les arts mécaniques. La vérification de ces principes généraux découlera de ces différents exemples, en commençant par le plus simple, la manutention de la fonte et en continuant par d'autres tirés des arts mécaniques, depuis les plus élémentaires jusqu'aux plus compliqués.

Un des premiers essais entrepris par l'auteur qui étudiait alors l'introduction de l'organisation scientifique à la Bethlehem Steel Company, fut l'application du principe de la tâche à la manutention des gueuses de fonte. Au début de la guerre hispano-américaine, il y avait environ 80.000 t. de fonte empilées en petits tas dans une cour des aciéries. Le prix de la fonte était descendu si bas, que pour ne pas vendre à perte, on avait préféré mettre en stock ; la guerre amena la hausse et le stock fut vendu. C'était une excellente occasion pour la direction, de comparer sur une vaste échelle, les mérites du système de travail à la tâche et des systèmes de travail aux pièces et à la journée jusqu'alors employés et cela dans un cas des plus élémentaires.

La Bethlehem Steel Company possédait alors 5 hauts-fourneaux dont le produit était manutentionné, depuis de nombreuses années, par une équipe de chargeurs de fonte ; cette équipe comprenait 75 hommes environ ; c'étaient des ouvriers de bonne valeur moyenne, dirigés par un excellent contremaître qui avait été en son temps chargeur de gueuses lui-même et le travail était fait, en somme, aussi vite et aussi économiquement que partout ailleurs à cette époque.

Une voie de chemin de fer courait le long des piles de gueuses et un plan incliné était disposé contre la paroi du wagon à charger. Chaque homme prenait dans le tas une gueuse pesant environ 45 kg., montait le plan incliné et déposait la gueuse dans le wagon ; l'équipe chargeait en moyenne 12 t. 1 2 de fonte par jour et par homme. Après avoir étudié la question, on constata avec surprise qu'un bon chargeur de gueuses devait manutentionner entre 47 et 48 t. par jour. Cette tâche sembla si forte qu'on se crut obligé de recommencer plusieurs fois l'étude avant d'être absolument certain que ce résultat n'était pas exagéré. Une fois cette certitude acquise, que 47 t. représentaient le travail raisonnable d'un ouvrier de choix, le devoir de la direction fut clairement défini : il fut décidé que les 80.000 t. de fonte devraient être chargées sur wagon, à l'allure de 47 t. par jour et par homme et non de 12 t. 1 2, comme cela s'était fait jusqu'alors ; que ce travail devrait être exécuté sans grève, sans discussions, de telle sorte que les ouvriers fussent plus satisfaits de la nou-velle allure de 47 t. que de l'ancienne de 12 1 2.

La première opération fut de choisir scientifiquement l'homme qu'il fallait. Pour acclimater ce type d'organisation chez les ouvriers, il est de règle absolue de, s'occuper d'abord d'un seul homme à la fois, que ses aptitudes rendent spéciale ment propre à ce travail, de ne pas s'attaquer aux ouvriers en groupe, mais au contraire de les amener individuellement à l'état de rendement et de prospérité maximum. La première chose à faire était donc de trouver l'homme convenable pour débuter. On étudia avec soin, pendant trois ou quatre jours, les 75 hommes de l'équipe, ce qui permit d'en conserver 4 qui semblaient physiquement capables de manutentionner des gueuses à l'allure de 47 t. par jour. On étudia soigneusement chacun de ces hommes en se servant de tous les renseignements qu'on put se procurer sur leur passé, leur caractère, leurs habitudes et leur ambition ; finalement, on en choisit un qui paraissait l'homme qu'il fallait. C'était un petit homme de Pennsylvanie, d'origine hollandaise, qui rentrait chez lui tous les soirs, à un mille à peu près de l'usine, en courant aussi allègrement qu'il venait le matin. Avec un salaire de 5,75 fr. par jour, il avait réussi à acheter un lopin de terre et avait entrepris la construction d'une petite maison dont il élevait les murs le matin, avant de partir au travail et le soir, après son retour ; il passait pour être excessivement avare et pour attacher une valeur énorme à l'argent ; un homme à qui on en parlait disait de lui : « Un sou lui semble gros comme une roue de charrette ». Le nom de cet homme était Schmidt.

Le problème se réduisait donc, pour la direction, à amener Schmidt à manutentionner 47 t. de fonte par jour, de telle sorte qu'il en soit content. On fit venir Schmidt à part et on lui parla à peu près de la sorte :

« Schmidt, êtes-vous un fort ouvrier ? — Bien sûr, mais je ne vois pas bien ce que vous voulez. — C'est évident : ce que je veux savoir, c'est si vous êtes, oui ou non, un fort ouvrier. — Oui, mais je ne vois pas bien ce que vous voulez me dire. — Voyons, répondez à mes questions. Je désire me rendre compte si vous êtes un fort ouvrier ou un de ces pauvres diables que voilà : je désire savoir si vous voulez gagner 9,25 fr. par jour ou si vous avez assez de 5,75 fr., comme gagnent tous vos camarades. — Si je veux 9,25 fr. par jour ? si je suis un bon ouvrier ? bien sûr que je suis un bon ouvrier. — Voyons, n'exagérons rien ; naturellement, vous désirez 9,25 fr. par jour ; tout le monde est comme vous ; mais vous savez bien qu'il ne suffit pas pour cela d'être un fort ouvrier : répondez à mes questions et ne me faites pas perdre mon temps. Venez ici, vous voyez cette pile de gueuses, vous voyez ce wagon. — Oui. — Bien. Si vous êtes un fort ouvrier, vous me chargerez demain toute cette fonte dans ce wagon pour 9,25 fr. et nous verrons si vous êtes, oui ou non, un fort ouvrier. — Bien sûr. Est-ce que j'aurai 9,25 fr. pour charger cette fonte dans ce wagon demain ? — Oui, et vous aurez 9,25 fr. par jour si vous chargez une pile comme celle-là tous les jours de l'année ; c'est ce que peut faire un fort ouvrier, vous le savez aussi bien que moi. — Alors, en chargeant cette fonte dans ce wagon, j'aurai demain 9,25 fr. et je pourrai les avoir comme cela chaque jour ? — Certainement. — Ça va, sûr comme je suis un fort ouvrier. — Attendez, attendez, connaissez-vous cet homme-là. — Non, je ne l'ai jamais vu. — Bon, si vous êtes un fort ouvrier, vous ferez exactement ce que vous dira cet homme demain, depuis le matin jusqu'au soir ; quand il vous dira de prendre une gueuse et de marcher, vous prendrez la gueuse et vous marcherez et quand il vous dira de vous asseoir et de vous reposer, vous vous assiérez et ainsi toute la journée. Voyons, qu'est-ce qu'il y a ? Est ce qu'un fort ouvrier revient sur sa parole ? Vous comprenez bien ; quand cet homme vous dira de marcher, vous marcherez, et quand il vous dira de vous reposer, vous vous reposerez et vous ne lui ferez pas d'observations. Vous viendrez travailler demain matin ici et je saurai, avant la fin de la journée, si vous êtes oui ou non un fort ouvrier. »

Ce dialogue peut paraître un peu brutal. Il le serait, en effet, appliqué à un ouvrier intelligent ou à un mécanicien habile. Il convient à un homme d'intelligence aussi bornée qu'était Schmidt, car son attention est ainsi fixée sur le salaire élevé qu'il désire et cela l'empêche de considérer la chose comme impossible.

Quelle eût été la réponse de Schmidt, si on lui avait parlé comme il est coutume, avec le système « initiative et stimulant » : « Allons, Schmidt, vous êtes un excellent chargeur de fonte et vous savez bien votre affaire. Vous avez fait jusqu'à présent votre travail à raison de 12 t. 1 2 par jour. J'ai étudié votre métier à fond et je suis convaincu que vous pourriez faire beaucoup plus. Ne pensez-vous pas que vous pourriez essayer de transporter 47 t. par jour, au lieu de 12 t. 1/2 ? » Je vous demande quelle eût été la réponse.

Schmidt commença à travailler et toute la journée, à des intervalles réguliers, l'homme qui le surveillait avec une montre, lui disait : « Prenez une gueuse et marchez, arrêtez-vous, asseyez-vous, marchez, asseyez-vous, etc. » Il travailla quand on lui dit de travailler, se reposa quand on lui dit de se reposer et à 5 h. 1/2 du soir, il avait chargé en wagon 47 t. Depuis ce jour, il ne cessa jamais de travailler à cette allure, et pendant les trois ans que l'auteur fut à Bethlehem, il vint à bout chaque jour de sa tâche. Pendant tout ce temps, il gagna un peu plus de 9,25 fr. par jour, au lieu de 5,75 fr. qui était le tarif en vigueur à cette époque à Bethlehem, c'est-à-dire qu'il reçut des salaires supérieurs de 60 0/0 à ceux des hommes qui ne travaillaient pas à la tâche. Les autres ouvriers furent alors entrepris les uns après les autres et entraînés à transporter la fonte au taux de 47 t. par jour et tous ces hommes reçurent des salaires 60 0/0 supérieurs à ceux des ouvriers des usines voisines.

L'exemple précédent met en lumière trois des quatre éléments qui constituent l'essence de l'organisation scientifique du travail : d'abord, la sélection rigoureuse de l'ouvrier ; ensuite la méthode consistant à l'instruire, l'entraîner et le seconder, pour lui faire accomplir son travail, conformément à des lois scientifiques. Rien n'a encore été dit sur la science de la manutention des gueuses de fonte ; cet exemple suffira, espère-t-on, à convaincre le lecteur que cette science existe et qu'elle est assez compliquée pour que le porteur de fonte soit incapable de la comprendre et même de l'appliquer s'il n'est pas secondé par ses chefs.

ORIGINES DES RECHERCHES DE L'AUTEUR

L'auteur fit ses débuts industriels dans l'atelier de constructions mécaniques de la Midvale Steel Company, en 1878, après avoir fait son apprentissage comme modeleur et mécanicien.

C'était vers la fin de la longue période de dépression qui suivit la panique de 1873 et les affaires étaient si mauvaises, qu'il était impossible, pour beaucoup d'ateliers, d'obtenir des commandes. Pour cette raison, il fut obligé de débuter comme simple manœuvre à la journée et non comme mécanicien. Heureusement pour lui, peu de temps après son arrivée, le comptable de l'atelier se rendit coupable d'indélicatesse ; il n'y avait personne pour le remplacer et le poste fut confié à l'auteur, parce qu'il avait plus d'éducation et d'instruction que les autres. Peu après, on lui confia un des tours et comme il abattait plus de besogne que les autres mécaniciens sur des tours semblables, il fut nommé, quelques mois après, contre-maître des tours. Presque tout le travail de l'atelier se faisait depuis plusieurs années, sous le régime du travail aux pièces ; comme c'était alors la coutume et comme c'est encore l'habitude dans la plupart des usines de ce pays, l'atelier était dirigé en réalité, par les ouvriers et non par les chefs ; les ouvriers s'étaient entendus pour déterminer exactement à quelle allure chaque travail devait être fait et ils avaient fixé une vitesse de production pour chaque machine, qui correspondait à peu près, au tiers de ce qu'elle pouvait raisonnablement fournir. Chaque nouvel arrivant était instruit par ses camarades de la manière dont il devait faire chaque espèce de travail et il était averti en même temps, que s'il ne se conformait pas à ces instructions, il pouvait être sûr d'être expulsé, avant longtemps, de l'atelier.

Le jour où l'auteur fut nommé contremaître, les ouvriers vinrent le trouver l'un après l'autre et lui parlèrent à peu près ainsi : « Nous sommes très contents, Fred. que vous ayez été nommé contre maître ; vous connaissez bien votre affaire et nous sommes certains que vous ne viendrez point nous ennuyer avec le travail aux pièces ; vous allez marcher avec nous et tout ira bien ; mais si vous essayez de changer nos tarifs, vous pouvez être sûr que nous vous mettrons dehors. »

L'auteur leur expliqua qu'il était désormais du côté de la direction et qu'il avait l'intention de faire donner un rendement convenable à tous les tours. La guerre commença immédiatement, guerre amicale le plus souvent, parce que les ouvriers qu'il commandait étaient ses amis personnels, mais ce n'en fut pas moins une guerre qui, avec le temps. devint de plus en plus dure. L'auteur employa tous les expédients pour obtenir un rendement satisfaisant. Il congédia ou rétrograda les plus obstinés qui se refusaient à faire aucun effort ; il diminua le prix du travail aux pièces, embaucha des nouveaux auxquels il apprit lui-même à travailler, en leur faisant promettre que lorsqu'ils sauraient leur métier, ils continueraient à travailler de même. Quand les hommes eurent épuisé tous les moyens de pression, tant dans l'usine qu'au dehors, sur ceux qui se décidaient à augmenter leur rendement, ils furent bien obligés de faire comme les autres ou de s'en aller.

Ceux qui n'ont pas tenté de pareilles expériences, n'ont pas idée de l'acrimonie qui se développe dans une telle lutte. Dans une guerre de ce genre, les ouvriers ont un expédient qui leur réussit ordinairement : ils s'arrangent de manière que les machines soient mises hors de service pendant le travail, accidentellement en apparence, et ils réussissent ainsi à faire congédier le contremaître qui les oblige à conduire les machines à une allure telle qu'elles sont rapidement usées. Peu de contremaîtres, en effet, sont capables de résister à la pression combinée de tout un atelier ; en ce cas particulier, le problème était compliqué encore par le fait que l'atelier marchait jour et nuit.

L'auteur avait cependant pour lui deux avantages que n'ont pas les contremaîtres ordinaires et cela provenait, chose curieuse, du fait qu'il n'était pas fils d'ouvrier.

1° Comme ses parents n'étaient pas ouvriers, les directeurs de la Compagnie purent croire qu'il avait à cœur les intérêts de l'usine, plus que les autres ouvriers et ils eurent plus confiance dans sa parole que dans celle des mécaniciens qu'il commandait. Aussi, lorsque les ouvriers vinrent avertir le chef de service que les machines allaient être mises hors d'usage par la faute d'un contremaître incompétent qui les forçait, cet ingénieur accepta l'explication de l'auteur (que les hommes brisaient intentionnellement leurs machines et que c'était un simple épisode de la guerre du travail aux pièces) et lui permit de répondre aux auteurs de ce vandalisme : « Il ne devra plus y avoir d'accidents de machines dans l'atelier ; si une pièce de machine est brisée, l'homme qui en est chargé devra payer une partie de la réparation et les amendes infligées seront versées à la caisse de secours mutuels, instituée pour venir en aide aux ouvriers malades ». Le sabotage des machines cessa immédiatement.

2° Si l'auteur avait été ouvrier et avait vécu de leur vie, ses camarades auraient exercé sur lui une pression telle que

toute résistance eût été impossible. On l'aurait appelé renard,
ou autres noms injurieux, toutes les fois qu'il aurait paru dans
la rue ; sa femme aurait été insultée et ses enfants battus.
Une ou deux fois, les amis de l'auteur le prièrent de ne pas
rentrer chez lui, à 2 milles 1 2 de l'usine, par le sentier désert
qui longeait la voie du chemin de fer. On l'avertit que s'il
continuait, ce serait au risque de sa vie. Dans tous les cas
semblables, l'apparence de la timidité augmente plutôt le
risque et l'auteur dit à ses amis d'avertir les intéressés qu'il
rentrerait chaque soir par la ligne du chemin de fer, qu'il ne
portait et ne porterait jamais d'armes et qu'ils pouvaient co-
gner s'ils voulaient.

Au bout de trois ans de cette lutte, le rendement des machines avait été augmenté, en bien des cas doublé, et l'auteur avait été l'objet d'avancements consécutifs et était devenu
chef d'atelier. Ce succès ne pouvait être d'ailleurs considéré
comme une récompense, car les relations tendues qu'il était
forcé de maintenir avec tous ses subordonnés, n'étaient pas
faites pour lui rendre la vie agréable. Ses amis de l'atelier
venaient lui demander constamment, comme un service personnel, si leur véritable intérêt était bien d'augmenter le rendement et il était obligé de leur répondre que s'il était à leur
place, il ferait absolument comme eux, parce qu'avec le système de travail aux pièces, ils ne pouvaient pas gagner plus
que par le passé, et cela en travaillant bien davantage.

Dès qu'il fut nommé chef d'atelier, l'auteur décida d'entreprendre délibérément la transformation du système d'organisation, de telle sorte que les intérêts des ouvriers et ceux de
la direction soient communs et non plus antagonistes. Trois
ans plus tard, il avait établi le système d'organisation décrit
dans les mémoires présentés à l'American Society of Mechanical Engineers et intitulés « A Piece Rate System » et « Shop
Management ».

Dans l'élaboration de son système, l'auteur se rendit compte
que le plus grand obstacle à la coopération harmonieuse des
ouvriers et de la direction, était l'impossibilité pour celle-ci,
de se rendre un compte exact de ce qui constitue la tâche journalière de l'ouvrier. Bien qu'il eût été lui-même contremaître

de l'atelier, il était convaincu que l'adresse et la compétence combinées des ouvriers qu'il avait sous ses ordres, étaient certainement dix fois supérieures aux siennes. Il obtint de M. William Sellers, à cette époque président de la Midvale Steel Company, quelques crédits pour entreprendre une étude précise et scientifique du temps nécessaire pour faire diverses sortes de travail. M. Sellers lui accorda cela, plutôt comme récompense d'avoir augmenté le rendement de son atelier, que pour toute autre raison. Il ne croyait pas qu'une étude scientifique de ce genre pût donner des résultats bien im portants.

Parmi les recherches entreprises, l'une consista à déterminer quelques règles permettant au chef d'atelier de savoir à l'avance, quelle quantité de travail soutenu était capable de fournir journellement un ouvrier habile en sa spécialité, autrement dit, étudier la fatigue causée par un travail régulier sur un ouvrier de premier ordre. On commença par occuper un jeune licencié à chercher tout ce qui avait été écrit sur cette matière, en anglais, allemand et français. Il existait deux sortes d'expériences, les unes faites par les physiologistes qui étudiaient l'endurance de l'animal humain, les autres par des ingénieurs qui essayaient de déterminer à combien de chevaux-vapeur correspondait la puissance du moteur humain Ces expériences avaient été faites sur des hommes qui élevaient des charges en tournant la manivelle d'un treuil auquel des poids étaient suspendus, ou bien qui portaient des poids de diverses manières, au pas ou en courant, à plat ou en montant, etc... Les résultats de ces recherches étaient si mi nimes, qu'il était impossible d'en tirer une loi de quelque valeur. On entreprit alors une série d'expériences entièrement nouvelles.

On choisit deux ouvriers de premier ordre qui s'étaient montrés vigoureux, réguliers et habiles. Ces hommes reçurent dou ble paye pendant la durée des expériences, à la condition qu'ils travailleraient de leur mieux à tout moment ; on ne leur cacha pas qu'on contrôlerait de temps en temps, par des expériences, s'ils n'essayaient pas de flâner et qu'à la première tentative de tromperie, ils seraient congédiés. Ces ouvriers travaillèrent de leur mieux pendant tout le temps qu'ils furent en observation.

Il est bien entendu qu'on ne cherchait pas, dans ces expériences, à trouver le travail maximum qu'un homme peut faire pendant quelques instants ou même quelques jours ; on voulait savoir ce qui constitue la quantité de travail soutenu qu'on peut exiger d'un bon ouvrier, de telle sorte qu'il puisse maintenir son allure pendant plusieurs années, sans être incommodé. Ces hommes reçurent toutes sortes de tâches, qui furent conduites chaque jour sous le contrôle étroit du jeune diplômé chargé des expériences. Celui-ci notait en même temps, avec un compteur à secondes, le temps nécessaire pour chacun des mouvements que faisaient les hommes. Tout élément de travail semblant intéressant, fut étudié soigneusement et enregistré. On espérait ainsi déterminer quelle fraction de cheval-vapeur pourrait développer un homme, pendant une journée de travail loyal.

Cette série d'expériences terminée, on transforma le travail de chaque homme, pour chaque jour, en kilogrammètres et à la grande surprise de l'auteur, on constata qu'il n'existait pas de relation entre le nombre de kilogrammètres développés pendant une journée par l'ouvrier et la fatigue que lui causait le travail. Pour certaines besognes, l'homme était fatigué après avoir développé 1 8 de cheval, tandis que pour d'autres, il pourrait développer 1 2 cheval environ.

On ne put en conséquence, tirer de ces expériences la loi qu'on cherchait.

On avait cependant obtenu un grand nombre de données très utiles, permettant de connaître quel était le travail journalier normal en beaucoup de cas. Mais il ne parut pas prudent d'engager, à cette époque, de nouvelles dépenses, pour essayer de déterminer exactement la loi qu'on cherchait. Quelques années plus tard, lorsque la situation financière le permit, on recommença une seconde série d'expériences du même genre, mais plus complètes. Ces expériences permirent d'obtenir des renseignements utiles, mais n'eurent aucun résultat dans le sens de la détermination de la loi. Enfin, quelques années plus tard, on entreprit une troisième série d'expériences pour lesquelles on se mit dans les circonstances les plus favorables. Chaque détail élémentaire qui pouvait intéresser en quelque manière le problème, fut soigneusement noté et étudié et deux licenciés furent occupés, pendant trois mois, à ces essais. Après la transformation de tous les résultats en kilogram-mètres, il devint évident qu'il n'existe aucune relation directe entre la fraction de cheval-vapeur que l'ouvrier développe et la fatigue causée par le travail. L'auteur cependant, était plus fermement convaincu que jamais qu'il existe une loi simple et définie, permettant de déterminer le travail journalier normal ; les données expérimentales avaient été recueillies avec tant de soin, qu'il était certain qu'elle se trouvait contenue quelque part dans ces données. La tâche de déduire cette loi de tous les faits accumulés, fut confiée à M. Carl G. Barth, le meilleur mathématicien des trois. On décida d'aborder le problème autrement, en représentant graphiquement chacun des éléments par des courbes qui permettent d'avoir une vue d'ensemble sur la question. Au bout de peu de temps, M. Barth découvrit enfin la loi qui régit la fatigue causée à un ouvrier de choix, par un travail soutenu. Cette loi est si simple qu'il est vraiment curieux qu'on ne l'ait pas découverte plus tôt.

La loi s'applique seulement aux travaux où la capacité de production est limitée par la fatigue de l'homme. C'est une loi d'effort soutenu, correspondant au travail du cheval de trait plutôt qu'à celui du trotteur. De semblables travaux s'exécutent pratiquement par une extension ou un rapprochement des bras de l'ouvrier, la force de l'homme s'exerçant en tirant ou en poussant quelque chose qu'il tient dans ses mains. La loi montre que pour chacun de ces mouvements, il n'est possible pour l'ouvrier d'être chargé que pendant une portion définie de la journée. Par exemple, pour manutention-ner les gueuses de fonte pesant chacune 45 kg., l'ouvrier ne peut être chargé que pendant 43 0/0 de la journée et doit rester les mains vides pendant 57 0/0. Si la charge est plus légère, la proportion du temps pendant lequel l'homme peut être chargé, augmente, de telle sorte que si l'ouvrier manu-tentionne des demi gueuses pesant 22 kg., il peut être chargé pendant 58 0/0 de la journée ; le poids décroissant, le pourcentage augmente et il existe une charge limite que l'on peut porter dans ses mains toute la journée sans être fatigué. Au-dessous de cette charge, la loi devient inapplicable et il faut la remplacer par une autre.

Lorsqu'un homme transporte une gueuse de fonte pesant 45 kg., il se fatigue à peu près autant en restant immobile qu'en marchant, car les muscles de ses bras travaillent à peu près autant dans les deux cas. Or un homme qui reste immobile en portant une charge, ne développe aucun travail et c'est pour cela qu'il n'existe aucune relation entre les kilogram-mètres développés et la fatigue de l'ouvrier. Il est évident aussi que dans un travail de ce genre, il est nécessaire que l'ouvrier reste les mains libres, c'est-à-dire se repose à de fré-quents intervalles. Pendant le temps que l'homme est chargé, il se produit une dégénérescence des muscles des bras et il est nécessaire de ménager de fréquentes périodes de repos, pour que la circulation du sang ait le temps de régénérer ses tissus.

Revenons à la manutention des gueuses de fonte à la Bethlehem Steel Company. Si on avait laissé Schmidt s'atta-quer seul au tas de 47 t. de fonte sans le diriger par un homme expert dans l'art de manutentionner les gueuses, dans son désir de gagner des fortes journées, il se serait surmené et aurait été probablement exténué vers 11 heures ou midi. Il se serait mis à l'ouvrage avec tant d'ardeur, qu'il n'aurait pas observé les temps de repos absolument nécessaires pour la reconstitution des muscles et aurait été complètement fourbu au bout de peu de temps. Avec l'aide d'un homme connais-sant les règles du travail, l'assistant et le dirigeant jour par jour, jusqu'à ce qu'il ait acquis l'habitude de se reposer à des intervalles convenables, il put au contraire arriver à tra-vailler de bon cœur toute la journée, sans se surmener.

Une des premières qualités que doit posséder un homme qui veut faire son métier de la manutention de la fonte, est d'avoir l'esprit si lourd et si obtus qu'il ressemble intellec-tuellement plutôt à un bœuf, qu'à n'importe quel autre type. L'homme dont l'esprit est alerte et aiguisé est, pour cette seule raison, absolument impropre à un travail aussi monotone que celui-ci. Le chargeur de gueuses idéal est donc absolument incapable de comprendre la science de son métier ; il est si grossier que le mot pourcentage n'a aucune signification pour lui ; il doit donc être formé par un homme plus intelligent que lui, à travailler conformément aux lois de cette science, avant de pouvoir y exceller.

Il semble suffisamment démontré que, même dans le cas de la forme de travail la plus élémentaire connue, il existe une science et que lorsque l'homme le plus propre à ce genre de travail a été soigneusement choisi, lorsque la science de ce travail a été étudiée et lorsque l'homme choisi a été dressé à travailler conformément aux principes de cette science, le résultat obtenu est nécessairement bien supérieur à celui qu'on aurait eu avec un système du genre « initiative et stimulant ».

COMPARAISON DES DIFFÉRENTES MÉTHODES DE MANUTENTION DE LA FONTE

Reprenons le cas du chargeur de gueuses et voyons s'il eût été possible avec l'organisation ordinaire d'obtenir pratiquement les mêmes résultats.

L'auteur a posé le problème à un certain nombre de chefs d'industrie habiles et leur a demandé si, avec le système des primes, le système aux pièces ou quelqu'un des systèmes ordinairement employés, ils auraient pu tabler sur une production de 47 t. par homme et par jour (1).

---

(1) Bien des gens doutent qu'un excellent ouvrier puisse charger par jour en wagon 47 t. 1/2 de fonte empilée à terre. Voici les données relatives à ce travail :

1° Nos expériences avaient montré l'existence de la loi suivante : Un excellent ouvrier entraîné à ce genre de travail, peut être chargé pendant 42 0/0 de la journée en restant les mains vides pendant 58 0/0 ;

2° Un homme chargeant de la fonte déposée en piles sur le sol d'un chantier, dans un wagon amené sur une voie adjacente à ces piles doit charger 47 t. 1/2 par jour ; le prix étant de 0,195 fr. par tonne, les hommes doivent gagner 9,25 en moyenne au lieu de 5,75 fr., comme par le passé.

47 t. 1/2 représentent 1.156 gueuses, de 41,4 kg. chacune : 42 0/0

Aucun n'a dépassé dans ses prévisions le chiffre de 25 t. ; on se rappellera que les hommes de Bethlehem chargeaient seulement 12 t. 1 2 par jour.

Entrons plus avant dans les détails de la question. L'équipe des 75 porteurs ne comptait environ qu'un homme sur 8, physiquement capable de manutentionner 47 t. 1 2 par jour. Avec les meilleures intentions du monde, 7 hommes sur 8 étaient incapables, physiquement, de travailler à cette allure ; le huitième n'était évidemment pas un homme plus remarquable que les autres ; il appartenait simplement au type du bœuf, qui n'est pas un type rare de l'humanité, difficile à trouver et ayant par là une grande valeur ; bien au contraire, il était impropre à toute espèce d'autre travail. La sélection des ouvriers ne consiste donc pas à trouver des individualités extraordinaires, mais à choisir parmi les hommes du commun, les quelques individus qui sont appropriés à un genre de travail déterminé. Et bien que dans l'équipe, on n'eût rencontré qu'un bon chargeur de fonte sur 8, on n'eut aucune difficulté à trouver les hommes qu'il fallait pour ce travail, soit dans l'usine même, soit dans les environs.

Dans le système « initiative et stimulant », l'attitude de la direction est d'inciter uniquement les ouvriers à produire.

------

d'une journée de 600 minutes représente 252 minutes en charge, ce qui donne 0.22 minute par gueuse, en charge.

Le chargeur de fonte marche à plat à la vitesse de 30 cm. en 0.006 minute ; la distance moyenne séparant les piles du wagon est 11 m. : en réalité, beaucoup d'ouvriers courent avec leurs gueuses, dès qu'ils atteignent le plan incliné et beaucoup d'entre eux redescendent ce plan en courant, les mains vides, de sorte que beaucoup marchent à une vitesse supérieure à celle indiquée par les chiffres précédents. Ils doivent se reposer en s'asseyant, après avoir chargé 10 ou 20 gueuses, ce repos étant ajouté au temps nécessaire pour retourner du wagon à la pile de fonte. Il est probable que beaucoup de ceux qui croient impossible de charger une telle quantité de fonte, oublient que, pendant tout le temps du retour, les ouvriers marchent les mains entièrement vides et que leurs muscles ont le temps de se reposer. Avec une distance moyenne de 11 m. entre les gueuses et le wagon, ces hommes font environ par jour, 13 kilomètres chargés et 13 kilomètres sans charge.

Ceux que la question intéresse peuvent calculer sur ces données et trouver que les faits cités correspondent à ces calculs.

Que serait-il arrivé avec ce système, si on avait laissé les hommes se choisir eux-mêmes, pour manutentionner la fonte ? Auraient ils fait partir 7 hommes sur 8 et gardé seulement le huitième ? évidemment non ; il leur eût été impossible de s'arranger de manière à être convenablement groupés. Quand bien même ils eussent compris la nécessité d'agir ainsi pour obtenir des salaires élevés (et ils ne sont pas en général assez intelligents pour saisir cette nécessité), le fait seul que leurs camarades seraient temporairement privés de leur travail, parce que inaptes à cette besogne, les eût empêchés d'opérer eux-mêmes cette sélection. Il en est de même de la possibilité d'amener ces ouvriers, même convenablement choisis, à travailler conformément à la science de leur métier, en alternant convenablement les périodes de travail et de repos. Comme il a été déjà dit, l'idée essentielle des méthodes ordinaires est que chaque ouvrier connaît mieux son travail que ceux qui le dirigent et que les détails d'exécution doivent être entièrement laissés à son initiative. L'idée de prendre chaque homme l'un après l'autre et de lui inculquer, par l'intermédiaire d'un homme compétent, de nouvelles habitudes basées sur des lois scientifiques jusqu'à ce qu'il les adopte définitivement, est le contre-pied absolu de l'ancienne idée qui veut que l'ouvrier soit le meilleur juge dans l'accomplissement de sa tâche. aurait-il une mentalité aussi sommaire que celle du meilleur chargeur de fonte. Cela montre que. avec les méthodes de direction ordinaires, il ne faut pas songer à remplacer l'empirisme par la connaissance scientifique, à sélectionner les hommes et à les amener à faire leur travail suivant les règles rationnelles, puisque l'essence de ces systèmes est de donner toute la responsabilité à l'ouvrier au lieu de la partager avec la direction.

Certains lecteurs seront émus du sort des 7 porteurs de fonte que cette transformation a privés de leur travail. Cette sympathie est tout à fait déplacée. car la plupart d'entre eux furent immédiatement employés sur d'autres chantiers, par la Bethlehem Steel Company. Bien plus. l'exclusion de ces hommes de l'équipe de chargeurs de fonte où ils n'étaient pas à leur place, fut un avantage pour eux ; car elle leur permit d'être occupés à des besognes auxquelles ils étaient aptes et grâce auxquelles ils purent, après une formation suffisante, gagner normalement et légitimement de meilleures journées.

Si le lecteur admet l'existence d'une science de la manutention des gueuses de fonte, il peut douter qu'il y en ait une pour les autres métiers. Un des objets principaux de cet ouvrage est de le convaincre qu'il existe une science de chacun des actes élémentaires qui constituent les métiers. Nous essayerons de le prouver au moyen de quelques exemples choisis entre mille.

TRAVAIL A LA PELLE

Prenons le cas du travail à la pelle ; il semble, à première vue, qu'il suffit de 15 à 20 heures de réflexion, pour découvrir les principes essentiels de cette science, cependant cette question a été jusqu'à présent tellement dominée par des considérations empiriques, que l'auteur n'a jamais rencontré un seul entrepreneur de terrassements qui ait eu l'idée qu'il pût exister une science du travail à la pelle. Cette science est en effet si élémentaire qu'elle cesse d'être évidente.

Il existe pour un pelleteur une charge déterminée, correspondant à son rendement maximum : cette charge est-elle de 2, 5, 10 ou 20 kg. ? il faut pour répondre à cette question recourir à des expériences précises. En choisissant deux ou trois pelleteurs, leur payant une prime pour qu'ils travaillent consciencieusement, faisant varier graduellement la charge de la pelle et faisant observer pendant plusieurs semaines par des expérimentateurs exercés, toutes les conditions accessoires du travail, on découvrit que le bon ouvrier pelleteur obtient son rendement maximum avec une charge d'environ 10 kg. 1/4. Cette charge n'est évidemment pas tout à fait la même pour tous les pelleteurs, mais elle varie de 1 ou 2 kg. environ en plus ou en moins et on peut considérer que la charge la meilleure est de 10 kg. 1/4.

Il est bien entendu que l'art du pelletage ne consiste pas uniquement dans la détermination de cette charge ; il rentre beaucoup d'autres éléments dans la constitution de cette science. Mais l'intention de l'auteur est d'attirer l'attention sur l'importance de l'étude scientifique d'un seul détail, dans l'art du travail à la pelle.

Aux usines de la Bethlehem Steel Company par exemple, au lieu de laisser chaque pelleteur choisir et posséder sa pelle, l'application de cette loi rendit nécessaire l'acquisition de 8 ou 10 différents types de pelles, appropriés chacun à une matière déterminée. Non seulement chaque pelle était calculée pour soulever une charge moyenne de 10 kg. 1 4, mais elle répondait encore à diverses autres conditions, dont l'importance devint évidente après une étude scientifique. On construisit un vaste dépôt où furent réunies non seulement des pelles, mais aussi des outils de toutes sortes soigneusement étudiés et étalonnés, tels que pics, pinces, etc. Cela permit de donner à chaque ouvrier une pelle contenant 10 kg. 1 4 de n'importe quelle matière, une petite pelle pour le minerai et une grande pour le mâchefer. Parmi les matières manutentionnées à l'usine le minerai de fer était une des plus lourdes et le charbon menu qui est très ébouleux, une des plus légères. On découvrit, en étudiant l'organisation primitive de la Bethlehem Steel Company, que chaque ouvrier possédait sa pelle et manutentionnait souvent avec le même outil, le minerai et le charbon menu, ce qui correspond à des charges de 15 et 2 kg. Dans un cas, il était tellement surchargé qu'il lui était impossible de travailler toute la journée et dans l'autre la charge était si ridiculement faible qu'il lui était impossible de faire un travail raisonnable.

Pour déterminer quelques-uns des autres éléments qui constituent la science du travail à la pelle, on fit des milliers d'observations au compteur à secondes, afin d'étudier avec quelle vitesse l'ouvrier, muni du type de pelle approprié, peut enfoncer son outil dans le tas et le retirer convenablement chargé. Ces observations furent faites d'abord en poussant la pelle dans le tas sur un sol irrégulier, puis sur un sol en planches, puis sur un sol en tôle. On fit de même une étude précise pour déterminer le temps nécessaire pour renverser la pelle, pour lancer la charge à une distance horizontale donnée, à une hauteur donnée, en combinant diversement distance et hauteur. Avec ces données et la loi d'endurance énoncée dans le cas des chargeurs de gueuses, il est évident que l'homme qui dirige les pelleteurs, peut leur indiquer les méthodes exactes à employer pour utiliser leur force le mieux possible et leur assigner des tâches journalières exactement calculées pour que les ouvriers puissent gagner à coup sûr chaque jour, la prime qui leur est payée quand ils réussissent à exécuter leur tâche.

Il y avait à cette époque, près de 600 pelleteurs et assimilés sur les chantiers de la Bethlehem Steel Company. Ces hommes étaient dispersés sur un chantier de deux milles environ de long, et un demi-mille de large. Pour donner à chaque ouvrier l'outil et les instructions appropriées au travail qu'il avait à faire, il fallait nécessairement établir un système permettant de diriger les hommes dans leur travail. Auparavant en effet, ils travaillaient par groupes ou équipes, placées sous la direction de quelques chefs de chantiers. A son arrivée à l'usine le matin, chaque ouvrier prenait dans un casier marqué à son numéro, deux fiches portant l'une, l'indication des outils qu'il devait aller chercher au dépôt et du lieu où il devait travailler, l'autre, un résumé du travail exécuté pendant la journée précédente, indiquant le détail de la besogne faite et le montant du salaire gagné, etc. Beaucoup de ces ouvriers étaient des étrangers ne sachant ni lire, ni écrire, mais tous savaient, à première vue, ce que contenait la fiche ; une fiche jaune indiquait, en effet, que l'homme n'avait pas réussi à remplir, la veille, sa tâche journalière et n'avait pas gagné 9 fr. 25. Et comme chacun savait qu'il n'y avait que des ouvriers de choix qui étaient maintenus dans cette équipe, c'était un avertissement exprès de gagner le salaire complet le lendemain. Quand la fiche était blanche, on savait que tout allait bien, et quand elle était jaune, qu'il fallait travailler davantage sous peine d'être changé de métier.

CONTROLE DU TRAVAIL INDIVIDUEL DE CHAQUE OUVRIER.

La formation individuelle de chaque ouvrier exigea la construction d'un bureau spécial pour l'ingénieur et les employés chargés de ce service. Dans ce bureau, le travail de chaque ouvrier était complètement préparé à l'avance et les employés suivaient sur les diagrammes et les plans, l'utilisation de chacun des hommes, en les disposant comme les pièces sur un échiquier, grâce à un système de téléphones et de messagers organisé à cet effet. De cette manière, on évitait toute perte de temps provenant d'une mauvaise distribution du personnel et des déplacements intempestifs des ouvriers. Dans l'ancien système, ceux-ci étaient groupés chaque jour en grandes équipes, placées sous un seul chef et l'équipe restait à peu près aussi nombreuse, quel que soit le travail confié au chef de chantier, l'importance de l'équipe correspondant sensiblement au travail le plus important qu'elle pouvait avoir à exécuter.

Quand on renonce à employer les hommes en équipes et quand on entreprend d'étudier individuellement chaque ouvrier, si cet ouvrier ne réussit pas à accomplir sa tâche, il faut lui envoyer un homme compétent qui lui montre exactement comment il doit s'y prendre, le guide, l'aide, l'encourage et en même temps étudie ses aptitudes. De sorte qu'avec cette organisation, au lieu de congédier brutalement l'homme ou de diminuer son salaire, parce qu'il ne réussit pas du premier coup, on lui donne le temps et l'aide nécessaires pour bien posséder son métier ou bien on l'emploie à un autre travail pour lequel il est physiquement ou intellectuellement mieux adapté.

Tout ceci exige la bienveillante coopération de la direction et demande une organisation plus compliquée que l'ancienne manière de conduire les troupeaux d'hommes groupés en équipes importantes. Cette organisation consiste dans le cas précédent à employer : 1° un personnel chargé de développer la science du travail par l'étude des temps ; 2° un personnel composé principalement d'ouvriers habiles chargés d'instruire, aider et guider leurs camarades dans leur travail ; 3° un personnel occupé à pourvoir les ouvriers des outils appropriés et à assurer l'entretien de cet outillage ; 4° des employés enfin, préparant le travail bien à l'avance, disposant les hommes de manière à leur faire perdre le moins de temps possible et enregistrant les gains journaliers de chaque ouvrier. On a, dans ce cas, un exemple élémentaire de cette coopération entre la direction et les ouvriers.

Reste à vérifier si une organisation aussi compliquée est économique et n'affecte pas défavorablement le prix de revient de l'entreprise. La comparaison des résultats obtenus la troisième année après la mise en marche de la nouvelle organisation, découle du tableau suivant :

	Ancien système	Nouveau système
Nombre d'ouvriers..............	400 à 600	140
Tonnage journalier par homme....	16	59
Journée moyenne de l'ouvrier......	5,75	9,40
Prix de revient à la tonne........	0,360	0,165

Le prix de revient de 0,165 comprend les dépenses d'installations du bureau et de l'outillage et les salaires de tout le personnel du nouveau service.

Pendant cette année, l'économie résultant du changement de méthode s'éleva à 36.417,69 dollars et pendant les 6 mois suivants où tout le travail se fit à la tâche, l'économie annuelle fut de 75 à 80.000 dollars.

Le plus important des résultats obtenus fut peut-être l'effet produit sur les ouvriers eux-mêmes. Une enquête sérieuse sur la condition de ces hommes, montra que sur 140 ouvriers, il n'y en avait que deux qui passaient pour des ivrognes ; cela ne signifie pas naturellement que beaucoup d'entre eux ne buvaient pas à l'occasion ; mais comme il est à peu près impossible à un homme intempérant de soutenir l'allure exigée, ils étaient devenus presque tous sobres. Beaucoup d'entre eux économisaient et malgré cela vivaient plus largement qu'auparavant. Ces hommes constituaient le plus beau corps d'ouvriers que l'auteur ait jamais vu et ils considéraient ceux qui les commandaient, leurs contremaîtres et leurs surveillants, comme leurs meilleurs amis, non pas comme des négriers les forçant de travailler plus qu'ils ne pouvaient et à très bon marché, mais comme des camarades leur apprenant et les aidant à gagner des salaires beaucoup plus élevés que jadis. Il eût été bien difficile de faire naître alors un différend sérieux entre ces ouvriers et leurs employeurs. Ceci représente un exemple très simple, mais très concluant de ce que signifient ces mots « prospérité de l'employé associée à prospérité de l'employeur », qui représentent l'objet principal de l'organisation scientifique. On peut remarquer également, que ce résultat n'a été obtenu que par l'application des 4 principes fondamentaux définis plus haut.

NÉCESSITÉ DE LA TACHE INDIVIDUELLE

Parmi les causes qui influent sur le travail journalier de l'ouvrier, il faut citer le défaut d'ambition et d'initiative que l'on remarque chez les hommes que l'on embrigade en équipes, au lieu de les considérer comme des individus distincts. Une analyse détaillée montre que dans le travail par équipes, chaque ouvrier fournit beaucoup moins que lorsque son ambition personnelle est stimulée ; le rendement tombe invariablement au niveau et même au-dessous du niveau de l'ouvrier le plus faible : les hommes sont attirés vers le bas au lieu de s'élever en s'entr'aidant. Pour cette raison, on avait interdit formellement aux usines de Bethlehem de faire travailler plus de 4 hommes ensemble, sans une permission spéciale signée de l'ingénieur en chef, permission valable d'ailleurs pour une semaine seulement. On s'arrangea de telle sorte que chaque ouvrier ait, autant que possible, une tâche individuelle bien définie car, comme l'usine en employait environ 5.000, l'ingénieur en chef avait trop à faire pour perdre beaucoup de temps à signer de semblables permissions.

Après avoir ainsi supprimé le système du travail par équipes, on se trouva avoir formé par une sélection attentive et un entraînement individuel et scientifique, un corps de pelleteurs absolument extraordinaire. Chaque homme avait chaque jour, son wagon spécial à décharger et son salaire ne dépendait que de son propre travail. L'homme qui déchargeait le plus de minerai, recevait le plus fort salaire et une circonstance inopinée vint démontrer combien il était important d'individualiser la tâche de chaque ouvrier. Une grande partie du minerai venait de la région du lac Supérieur et ce minerai était transporté à Pittsburg et à Bethlehem dans des wagons exactement semblables. La main d'œuvre s'étant raréfiée à Pittsburg, une des aciéries de cette ville, ayant entendu parler de la belle équipe formée par Bethlehem, envoya un de ses agents pour débaucher quelques ouvriers. Les gens de Pittsburg offraient 4,9 cents de la tonne, pour décharger le même minerai avec les mêmes pelles, les mêmes wagons qu'à Bethlehem qui ne donnait que 3,2 cents de la tonne. Après avoir étudié la situation, il fut décidé à Bethlehem, qu'il était inutile de payer plus de 3,2 cents, parce qu'à ce tarif, les ouvriers gagnaient un peu plus de 9,25 fr. par homme et par jour et que ce salaire était 60 0/0 supérieur au salaire moyen en vigueur dans la région de Bethlehem.

Une longue série d'expériences, jointes à des observations précises, avait montré que lorsque des ouvriers de cette valeur ont une tâche soigneusement mesurée et correspondant à un travail soutenu de leur part, lorsqu'en retour ils reçoivent pour cet effort supplémentaire, des salaires 60 0/0 supérieurs à la moyenne, ce supplément de salaire tend à en faire non seulement des hommes économes, mais encore meilleurs de toute façon. Ils vivent plus largement, mettent de l'argent de côté, deviennent sobres et travaillent régulièrement. Si l'augmentation de salaire dépasse 60 0/0, beaucoup d'entre eux se mettent à travailler irrégulièrement et deviennent extravagants et dissipés : ce qui montre, en somme, qu'il n'est pas bon pour la plupart des gens de s'enrichir trop vite.

Après avoir décidé pour cette raison de ne pas élever les salaires de nos ouvriers, ceux-ci furent appelés au bureau l'un après l'autre et on leur parla à peu près de la sorte : « Voyons, Patrick, vous nous avez montré que vous étiez bon ouvrier : vous gagnez des journées un peu supérieures à 1,95 dollar et vous êtes tout à fait le genre d'homme qu'il nous faut pour décharger notre minerai. Il y a un homme qui est venu ici de Pittsburg et qui offre 4,9 cents par tonne déchargée : nous ne pouvons payer que 3,2 cents par tonne ; je crois que vous ne feriez pas mal de lui demander qu'il vous embauche. Naturellement, vous savez que nous regretterons beaucoup de vous voir partir, mais **vous** vous êtes montré excellent ouvrier et nous sommes très heureux que vous rencontriez cette chance de gagner davantage. Rappelez vous cependant que plus tard, si vous êtes sans place, vous pourrez revenir ici ; nous aurons toujours du travail pour un bon ouvrier comme vous. »

Presque tous suivirent le conseil et allèrent à Pittsburg ; mais au bout de 6 mois, ils étaient presque tous revenus à Bethlehem et déchargeaient leur minerai à l'ancien tarif de 3,2 cents. L'auteur eut l'entretien suivant avec l'un d'entre eux : « Patrick, que revenez vous faire ici ? je croyais que nous vous avions donné votre compte. » — « Ah ! monsieur, je vais vous dire comment cela se passait là-bas. Quand nous sommes arrivés, Jimmy et moi, on nous mit sur un wagon avec huit autres déchargeurs. Nous commençâmes à travailler comme nous faisions ici ; mais au bout d'une demi-heure, je vis un petit diable, à côté de moi, qui ne faisait presque rien et je lui dis : « Pourquoi ne travaillez-vous pas ? si nous ne déchargeons pas ce wagon, nous ne toucherons rien le jour de la paye. » Il se tourna vers moi et me dit : « Que le diable vous emporte. » — « Bon, lui dis-je, je vois que ce n'est pas votre affaire de travailler. » Mais le drôle me surveillait et me dit : « Occupez vous de vos affaires ou je vais vous mettre dehors. » J'aurais pu le noyer en crachant dessus, mais les autres posèrent leurs pelles et semblaient prêts à le défendre. Alors je me rapprochai de Jimmy et lui dis assez haut pour que tout le wagon pût entendre : « A présent, Jimmy, nous ne ferons pas une pelletée de plus que ce drôle. » Nous le surveillâmes et ne pelletâmes que lorsqu'il pelletait. Quand vint le jour de la paye, nous avions moins d'argent qu'à Bethehem. Alors Jimmy et moi, allâmes trouver le contremaître pour lui demander d'avoir un wagon pour nous seuls, tout comme à Bethlehem ; mais il nous répondit de nous occuper de nos affaires. A la deuxième paye, nous avions toujours moins d'argent qu'ici, si bien que Jimmy et moi, rassemblâmes les camarades et nous revînmes tous ensemble ici pour travailler comme par le passé. »

Un homme peut donc arriver à gagner davantage en travaillant seul, au tarif de 3,2 cents la tonne, qu'en travaillant par équipes, au tarif de 4,9 cents ; cela montre l'économie qui résulte de l'application des principes les plus élémentaires de l'organisation scientifique. Mais cet exemple fait voir également que dans l'application de ces principes élémentaires, la collaboration effective de la direction est indispensable. Les directeurs de Pittsburg savaient bien comment Bethlehem avait obtenu ces excellents résultats, mais ils reculèrent devant les ennuis et les dépenses causés par la préparation et la distribution du travail et par le contrôle individuel et journalier de l'ouvrage de chacun qui ne reçoit ainsi que ce qu'il a gagné.

TRAVAIL DE MAÇONNERIE

La maçonnerie de briques est un métier qui remonte à la plus haute antiquité ; depuis des centaines d'années, il

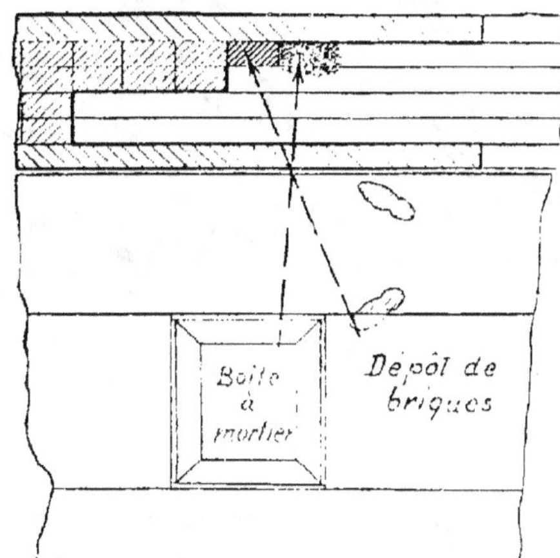

Fig. 1. — Schéma montrant la disposition invariable des pieds de l'ouvrier et les mouvements qu'il fait avec ses deux bras pour prendre à la fois les briques et le mortier.

n'y a eu que peu ou pas de perfectionnements dans l'outillage et les matériaux, non plus que dans la méthode de poser

les briques et bien que des millions d'hommes aient exercé
ce métier, ils ne lui ont fait faire depuis des générations, que
bien peu de progrès. Il semble, en effet, qu'il ait bien peu
à gagner par une étude basée sur une analyse scientifique.
M. Franck B. Gilbreth, membre de l'American Society of
Mechanical Engineers, qui avait pratiqué lui-même l'art de
la pose des briques pendant sa jeunesse, s'intéressa aux prin-

Fig. 2. — Dispositif perfectionné d'échafaudage
permettant à l'ouvrier de rester debout pendant le travail.

cipes de direction scientifique et entreprit de les appliquer
à cet art. Il fit une analyse extrêmement intéressante et une
étude de chacun des mouvements du poseur de briques ; l'un
après l'autre, il élimina tous les mouvements inutiles et subs-
titua aux gestes lents, les gestes rapides ; il étudia en somme
toutes les causes de lenteur qui peuvent affecter, de quelque
manière, la vitesse et la fatigue de l'ouvrier.

Il détermina la position exacte que doivent occuper les
pieds du poseur de briques (fig. 1) par rapport au mur, à
l'auge à mortier, au tas de briques et le dispensa ainsi de

faire un pas ou deux vers ce tas et de revenir sur ses pas chaque fois qu'il posait une brique. Il étudia la hauteur la

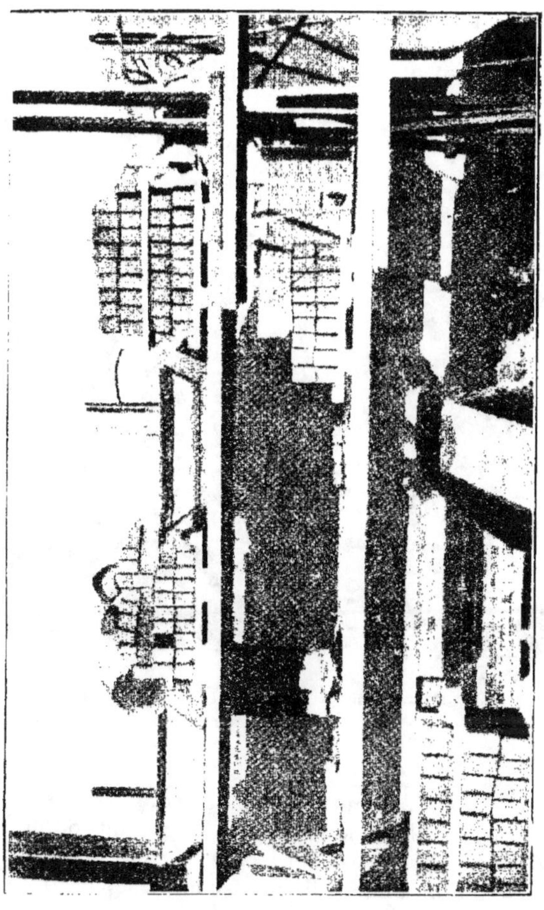

Fig. 3. — Dispositif perfectionné d'échafaudage avec les tas de briques régulières placées sous la main de l'ouvrier.

plus favorable pour l'auge à mortier, les briques et fit exécuter un échafaudage portant une table sur laquelle tous les ma-

tériaux sont placés, de telle sorte que les briques, le mortier,
l'homme et le mur aient les positions relatives appropriées
(fig. 2 et 3). Ces échafaudages sont réglés à mesure que le
mur monte, par un homme chargé spécialement de ce travail et par ce moyen, le poseur de briques est dispensé de
l'effort consistant à se baisser pour ramasser une brique ou

Fig. 4. — Ancien dispositif d'échafaudage
obligeant l'ouvrier à se tenir courbé pendant son travail.

prendre une truelle de mortier et à se redresser ensuite. Que
l'on songe au gaspillage de forces qui se produit journellement
pour un ouvrier qui abaisse son corps, pesant environ 75 kg.,
de 60 cm. environ et le relève ensuite, chaque fois qu'une
brique pesant environ 2 kg. 1/2 est placée sur le mur ! et
cela le poseur de briques le fait environ mille fois par jour
(fig. 4).

Une étude complémentaire a fait prendre les dispositions
suivantes : les briques déchargées des voitures, avant d'être
apportées au poseur de briques, sont triées soigneusement par
un ouvrier et placées sur leur meilleur bord, sur un châssis
en bois construit de manière à permettre de prendre chaque
brique dans le temps le plus court et la position la plus avantageuse (fig. 5). De cette manière, le poseur de briques évite
d'avoir à retourner la brique, pour l'examiner en tous sens
avant de la poser et il gagne du même coup, le temps de dé-

Fig. 5. — Méthode de travail perfectionnée
dans laquelle l'ouvrier trouve la brique et le mortier à hauteur de sa main.

cider quel est le bord le meilleur à placer à l'extérieur du
mur. Dans beaucoup de cas, il gagne aussi le temps de dé-
gager la brique du tas irrégulier où elle a été jetée (fig. 6).
Le châssis est placé par l'aide, à la position convenable, sur
l'échafaudage, tout près de l'auge à mortier.

Tout le monde a remarqué que les poseurs de briques frap-
pent de plusieurs petits coups, avec le manche de la truelle,
chaque brique après qu'elle a été placée sur le lit de mortier,

de manière à assurer l'épaisseur convenable du joint. M. Gilbreth remarqua qu'en employant du mortier assez liquide, les briques peuvent être enfoncées à la profondeur convenable, par une simple pression de la main. Il recommanda au gâcheur de mortier de lui donner la fluidité convenable et gagna ainsi le temps perdu à frapper la brique. Le résultat de cette étude minutieuse des mouvements que doit exécuter le poseur de briques pour travailler dans les meilleures conditions, fut

Fig. 6. — Ancienne méthode de travail
dans laquelle l'ouvrier doit se baisser pour ramasser les briques sur le sol.

de réduire ses mouvements de 18 gestes par brique à cinq et même, en certains cas, à deux. Tous ces détails sont étudiés dans le chapitre « Motion study » du livre de M. Gilbreth intitulé « Brick Lying System » (1) et dans le volume intitulé « Motion Study » (2).

(1) Publié par Myron C. Clerk. Publishing C° New-York and Chicago et E. F. N. Spon, Londres.
(2) Edité par D. Van Nostrand Company, 23 Murray et 27 Warren Streets, New-York.

Une analyse des expédients employés par M. Gilbreth pour réduire les mouvements des poseurs de briques de 18 à 5, montre que ce perfectionnement a été obtenu de trois manières différentes : 1° Il supprima certains mouvements qui semblaient autrefois nécessaires, mais qu'une étude et des essais minutieux montrèrent parfaitement inutiles : 2° Il introduisit des appareils simples, tels que les échafaudages réglables et les châssis, grâce auxquels il élimina certains mouvements longs et fatigants, au prix de la collaboration d'un manœuvre à bon marché : 3° Il apprit aux poseurs de briques à faire des mouvements simples, avec les deux mains à la fois, alors qu'autrefois, ils achevaient un mouvement de la main droite avant d'en commencer un de la main gauche. Par exemple M. Gilbreth apprit à ses ouvriers, à prendre en même temps une brique de la mains gauche et une truelle de mortier de la main droite. Ce travail simultané des deux mains fut rendu possible en substituant une auge à mortier profonde, à l'auge ancienne dans laquelle le mortier se répand en couche si mince qu'il faut faire un pas ou deux pour le prendre et en plaçant cette auge tout près des briques et à hauteur convenable sur l'échafaudage.

Ces trois sortes de perfectionnements montrent clairement par quels moyens on peut éliminer entièrement les mouvements inutiles et substituer à des mouvements lents des mouvements rapides, quand on entreprend l'étude scientifique des mouvements ou du temps.

Certains praticiens qui connaissent l'opposition de presque tous les chefs d'usine à faire un changement quelconque dans leurs méthodes et leurs habitudes, peuvent envisager avec scepticisme, la possibilité d'obtenir des résultats sur une vaste échelle, au moyen d'une étude de ce genre. M. Gilbreth rapporte qu'il y a quelques mois, il a pu démontrer commercialement dans la construction d'un vaste bâtiment en briques, le gain considérable que rend possible l'application pratique de son étude. Il avait à construire un mur d'usine de 30 cm. d'épaisseur, avec deux sortes de briques, joints finis sur les deux parements : avec des poseurs de briques syndiqués, il obtint après avoir choisi ses hommes, et les avoir formés à sa nouvelle méthode, un rendement de 350 briques par homme et par heure, alors que la vitesse moyenne avec l'ancienne méthode était, dans ce pays, de 120 briques par homme et par heure. Ces ouvriers étaient formés par leurs contremaîtres ; ceux qui ne profitaient pas de leur enseignement étaient congédiés et chaque ouvrier, lorsqu'il était devenu habile, recevait une augmentation de salaire importante. Dans le but d'individualiser les tâches et de stimuler chacun, M. Gilbreth appliqua une méthode ingénieuse pour mesurer et enregistrer le nombre de briques posées par chaque homme et pour faire savoir fréquemment à chaque ouvrier le nombre de briques qu'il avait réussi à poser.

Ce n'est qu'en comparant ces résultats, avec les conditions que fait prévaloir la tyrannie de quelques-uns de nos syndicats du bâtiment, qu'on peut se rendre compte du gaspillage d'effort humain qui se produit journellement. Dans une ville étrangère, le syndicat du bâtiment a limité ses adhérents à 275 briques par jour, pour tout travail de ce genre exécuté pour la Ville et à 375 par jour, si le travail est fait pour les particuliers. Les membres de ce syndicat croient sans doute sincèrement que cette diminution de rendement est un bienfait pour la corporation tout entière. Il devrait être pourtant évident pour tous que cette paresse systématique est presque criminelle, car il en résulte des loyers plus élevés pour chaque famille d'ouvrier, outre qu'une telle pratique éloigne le commerce et les affaires de la ville, au lieu de les y attirer.

Comment se fait-il que dans un métier qui a été pratiqué sans interruption, bien avant l'ère chrétienne et avec des outils à peu près semblables aux nôtres, que cette grande économie, cette simplification des mouvements de l'ouvrier n'ait pas encore été obtenue ?

Il est très probable que bien des fois, quelque maçon reconnut la possibilité d'éliminer certains de ces gestes inutiles. Mais quand bien même il eût inventé les perfectionnements de M. Gilbreth, il lui eût été impossible d'en profiter seul et d'augmenter beaucoup sa vitesse. Il faut se rappeler en effet, que les poseurs de briques travaillent toujours en groupe, alignés le long des murs (fig. 7) ; ceux-ci devant s'élever avec la même rapidité, les ouvriers sont forcés de travailler à la même vitesse et un simple maçon n'a pas l'auto-

Fig. 7. — Ensemble d'un chantier organisé rationnellement où les briques sont présentées à l'ouvrier en tas réguliers et faciles à prendre.

rité suffisante pour forcer ses camarades à accélérer leur **allure**. Ce n'est que par la réglementation rigoureuse des **mé-**

thodes, l'adoption obligatoire des meilleurs outils et les conditions de travail les plus favorables, que cette accélérat'on
peut être assurée. C'est à la direction seule qu'appartient le
devoir de régler ces obligations et de fournir en même temps,
un ou plusieurs instructeurs chargés de montrer à chaque nouvel arrivant la méthode la plus simple, de surveiller et aider
les hommes lents, jusqu'à ce qu'ils atteignent l'allure convenable. Tous ceux qui, après un entraînement suffisant, ne
veulent ou ne peuvent travailler suivant les nouvelles méthodes
et à grande vitesse, doivent être déplacés par la direction.
Celle ci doit d'ailleurs se pénétrer de ce fait que les ouvriers
ne se soumettront à cette réglementation rigide et ne travail-
leront de leur mieux, que s'ils reçoivent une augmentation de
salaire convenable.

La direction doit veiller aussi à ce que ceux qui préparent
les briques, le mortier, règlent les échafaudages, collaborent
vraiment avec les poseurs de briques, en faisant leur travail
convenablement et toujours à temps ; il faut aussi qu'elle in-
forme à de fréquents intervalles, chaque ouvrier des progrès
qu'il a faits, de sorte qu'il ne se laisse pas aller, à son insu,
à réduire son allure. On verra que c'est en assumant de nouveaux devoirs et des méthodes de travail inconnues jusqu'ici
par les employeurs, que ceux-ci pourront obtenir des progrès
sérieux et que, sans cette coopération de la direction, l'ouvrier, même imbu des nouvelles méthodes et animé des meilleures intentions, est incapable d'atteindre seul des résultats
remarquables.

La méthode de M. Gilbreth fournit un exemple simple de
cette coopération réelle et effective ; quelques hommes de la
direction, dont chacun a un rôle déterminé, aident chaque ouvrier individuellement, en étudiant ses besoins et ses défail-
lances, en lui enseignant des méthodes plus efficaces et plus
rapides et s'assurent en même temps que tous les autres ouvriers qui l'entourent, coopèrent avec lui à l'exécution correcte
et rapide du travail commun.

L'auteur s'est étendu longuement sur la méthode de M. Gilbreth, pour prouver que cette augmentation de rendement et
cette harmonie existant entre son personnel et lui, n'ont pr

été obtenus avec un des anciens systèmes du genre « initiative et stimulant », dans lequel le problème est posé et résolu par l'ouvrier seul. Ce succès est dû à l'application de 4 éléments qui constituent l'essence de la méthode d'organisation scientifique.

1° Le développement par la direction et non par l'ouvrier de la science de la pose des briques, la détermination de ses lois strictes et le perfectionnement de l'outillage et des conditions de travail ;

2° La sélection sévère des hommes et leur formation ultérieure pour en faire des ouvriers de premier ordre ; l'élimination de ceux qui refusent ou sont incapables d'adopter ces nouvelles méthodes ;

3° Le contrôle constant et bienveillant du poseur de briques par les agents de la direction et le paiement d'une prime journalière importante à tout ouvrier qui a travaillé vite et accompli la tâche fixée ;

4° La répartition presqu'égale du travail et de la responsabilité entre l'ouvrier et la direction ; celle-ci travaille constamment avec lui, presque côte à côte, l'aidant, l'encourageant, lui aplanissant les difficultés.

De ces 4 éléments, le premier est le plus frappant et le plus intéressant, mais chacun des trois autres est néanmoins nécessaire pour le succès de l'entreprise. Il ne faut pas oublier enfin, qu'au sommet de toute cette organisation, il faut un chef travailleur déterminé et optimiste, qui ne se laisse pas décourager par les difficultés inévitables de sa tâche.

VÉRIFICATION DES BILLES DE BICYCLETTES

Dans bien des cas, particulièrement lorsque le travail est de nature compliquée, le développement de la science est le plus important des 4 éléments fondamentaux, mais il est des cas où la sélection scientifique de l'ouvrier a plus d'importance encore. Un bon exemple d'un cas de ce genre, se trouve dans le travail très simple, quoique assez rare, de la vérification des billes de bicyclettes.

Lorsque la fureur de la bicyclette était à son apogée, il y a quelques années, plusieurs millions de petites billes d'acier trempé étaient employées chaque année dans les roulements de ces machines. Parmi les 20 et quelques opérations que comporte la fabrication des billes d'acier, la plus importante est peut-être la vérification après polissage final, de manière à éliminer avant l'emballage, toutes les billes fissurées présentant des criques ou autres défectuosités.

L'auteur fut chargé d'organiser la plus importante usine de billes du pays. Cette affaire marchait depuis 8 à 10 ans, avec le système du travail à la journée, au moment où il entreprit cette réorganisation ; la vérification était faite par 120 jeunes filles qui étaient toutes des ouvrières habiles et exercées à ce genre de travail.

Il est impossible, même pour les travaux les plus élémentaires, de passer rapidement de l'ancienne liberté du travail à la journée à la discipline d'une coopération scientifique. Dans bien des cas cependant, il existe certaines imperfections dans les conditions du travail, auxquelles on peut remédier immédiatement et avec bénéfice.

Dans le cas présent, on remarqua tout de suite que les vérificatrices travaillaient 10 h. 1/2 par jour et avaient congé la demi-journée du samedi. Leur travail consistait en gros, à placer une rangée de petites billes d'acier poli sur le dos de la main gauche, dans le creux formé par deux doigts rapprochés ; on faisait rouler ces billes pour les examiner minutieusement à une forte lumière ; les billes défectueuses étaient enlevées au moyen d'un aimant tenu de la main droite, et jetées dans des boîtes spéciales. Les billes pouvaient présenter 4 espèces de défauts : les entailles, la dureté, les rayures et les criques de chauffage. Ces défauts étaient si peu apparents qu'ils n'étaient pas visibles pour un œil non exercé. Ce travail exigeait des vérificatrices l'attention la plus soutenue et la fatigue nerveuse des ouvrières était considérable, bien qu'elles fussent confortablement assises.

Une enquête accidentelle montra avec évidence, qu'une grande partie des 10 h. 1/2 pendant lesquelles les ouvrières étaient supposées travailler, étaient en réalité passées à ne rien faire, parce que la durée du travail était trop longue.

Il est du plus élémentaire bon sens de fixer les heures de travail telles que les ouvriers puissent travailler vraiment quand ils travaillent et jouer quand ils jouent, mais il ne faut jamais mélanger le jeu et le travail. Avant même l'arrivée de M. Sanford E. Thompson qui était chargé d'étudier scientifiquement toute la fabrication, nous décidâmes donc de diminuer le nombre des heures du travail.

Le vieux contremaître qui dirigeait l'atelier de vérification depuis des années, fut chargé d'interroger l'une après l'autre les meilleures vérificatrices et les ouvrières les plus influentes et de leur persuader qu'elles pourraient faire autant de travail en 10 heures qu'en 10 h. 1,2. Chaque ouvrière fut avertie que le but de la proposition était de réduire les heures de travail et que leur salaire serait le même que celui qu'elles touchaient pour 10 h. 1/2. Quinze jours plus tard, le contremaître déclara que toutes les ouvrières avec lesquelles il avait causé, consentaient à faire leur travail aussi bien en 10 heures qu'en 10 h. 1 2 et qu'elles approuvaient le changement.

L'auteur ayant été critiqué pour des questions de tact, pensa qu'il était prudent de mettre aux voix la nouvelle proposition. Cette décision ne fut pas heureuse cependant, car, par leur vote, les ouvrières furent unanimes à déclarer que la journée de 10 h. 1/2 leur convenait fort bien et qu'elles ne désiraient aucun changement. Cela régla provisoirement l'affaire. Mais quelques mois plus tard, la question de tact fut laissée de côté et les heures de travail arbitrairement diminuées successivement à 10, 9 h. 1 2, 9 et 8 h. 1/2, le salaire journalier restant le même et à chaque diminution, le rendement de l'atelier augmenta au lieu de diminuer.

Le changement de méthode d'organisation dans ce département, fut fait par les soins de M. Sanford E. Thompson, qui est probablement l'homme d'Amérique le plus habile dans l'étude des mouvements et des temps et sous la direction générale de M. H. L. Gantt.

Dans les laboratoires de physiologie de nos Universités, des expériences sont faites régulièrement pour déterminer ce qu'on appelle l'équation personnelle d'un sujet. Pour cela, on amène rapidement un objet, la lettre A ou B par exemple, dans le champ visuel du sujet qui, à l'instant où il reconnaît la lettre, doit faire un geste déterminé, presser un bouton par exemple. Le temps qui s'écoule entre l'instant où la lettre apparaît et celui où le sujet presse le bouton est enregistré exactement. Cette expérience montre qu'il y a une grande différence entre l'équation personnelle des différents hommes : certains individus sont nés avec des facultés de perception et d'action réflexe extraordinairement rapides ; chez eux, le message est presque instantanément transmis de l'œil au cerveau et le cerveau répond aussi rapidement, en envoyant à la main l'ordre convenable ; les hommes de ce type sont dits avoir une faible équation personnelle ; ceux au contraire, dont les perception et action réflexe sont lentes, ont une équation personnelle élevée.

M. Thompson reconnut rapidement que la qualité primordiale des vérificatrices était une faible équation personnelle, jointe, bien entendu, aux qualités ordinaires d'endurance et d'intelligence.

Dans l'intérêt véritable des ouvrières aussi bien que de la Compagnie, il devint nécessaire d'exclure de l'atelier, toutes les vérificatrices qui n'avaient pas une faible équation personnelle. Cela obligeait de congédier un grand nombre des plus intelligentes, des plus travailleuses et des plus consciencieuses, simplement parce qu'elles ne possédaient pas les qualités réunies de perception et d'action réflexe exigées.

Tandis qu'on travaillait à sélectionner graduellement les ouvrières, on entreprenait encore d'autres changements.

Un des dangers contre lesquels il faut se mettre en garde, lorsque le salaire d'un homme ou d'une femme ne dépend que de la quantité d'ouvrage fait, est que cet effort pour augmenter la quantité ne nuise à la qualité. Or, pour ces ouvrières, la qualité était la chose essentielle, puisque leur travail consistait à éliminer les billes défectueuses. La première chose était donc de rendre impossible tout relâchement sur la qualité, sans qu'on s'en aperçût immédiatement. On obtint ce résultat au moyen d'une contre-vérification. Chacune des 4 ou-

vrières les plus consciencieuses reçut chaque jour, un lot de
billes à vérifier ; ce lot avait été examiné la veille, par une
des ouvrières de l'atelier, le numéro du lot ayant été changé
par le contremaître pour qu'il fût impossible aux contre-vérificatrices d'en savoir la provenance : bien plus, un de ces lots
examinés par les quatre contre-vérificatrices était vérifié le
lendemain, par un inspecteur chef, choisi en raison de sa
sagacité et de son honnêteté.

On adopta, en outre, un expédient très efficace pour se
rendre compte de l'honnêteté et du soin de la contre-inspection : tous les deux ou trois jours, le contremaître préparait
un lot de billes formé d'un nombre déterminé de billes par-
faites, auquel il ajoutait une quantité connue de billes défectueuses. Ni les ouvrières, ni les contre-vérificatrices ne pouvaient distinguer le lot ainsi préparé, des lots commerciaux
ordinaires. Cela permit de leur enlever toute tentation de négliger leur travail.

Après s'être assuré ainsi contre la dépréciation de la qualité, on adopta aussitôt les moyens efficaces pour augmenter
le rendement, en substituant à l'ancienne méthode d'à peu
près, une tâche journalière définie. On nota chaque jour exac
tement, la quantité et la qualité du travail fait, de manière
à se garder contre la partialité du contremaître et à juger chaque ouvrière avec équité. Au bout de peu de temps, ces observations permirent au contremaître d'exciter l'ambition de
toutes les vérificatrices en augmentant le salaire de celles qui
faisaient beaucoup de bonne besogne, en diminuant celles qui
travaillaient moyennement et en congédiant celles qui mon-
traient une lenteur ou une négligence incorrigible. On entreprit
alors une enquête sur la manière dont chaque ouvrière employait son temps et une étude au chronomètre dans le but
de déterminer le temps nécessaire pour faire chaque partie
de la vérification et établir les conditions exactes dans les
quelles une ouvrière peut travailler le mieux et le plus rapidement, tout en évitant la fatigue et le surmenage. Cette enquête montra que les ouvrières passaient la plus grande partie
de leur temps à flâner plus ou moins, à bavarder, ou même
à ne rien faire.

Même apres la réduction des heures de travail de 10 h. 1/2 à 8 h. 1/2, on observa qu'au bout d'une heure et demie de travail continu, les vérificatrices commençaient à s'énerver ; elles avaient évidemment besoin de repos. Comme il est bon d'arrêter le travail juste au point où commence le surmenage, on s'arrangea pour leur donner 10 minutes de récréation après une heure et quart de travail. Pendant ces périodes de repos (2 le matin et 2 l'après midi), elles étaient obligées de cesser de travailler et étaient priées de quitter leurs sièges et de changer complètement d'occupation, en marchant et bavardant, par exemple.

Certaines personnes prétendront probablement que ces ouvrières étaient traitées avec brutalité ; elles l'étaient, en effet, si l'on considère ainsi le fait d'être assises si loin les unes des autres, qu'elles ne pouvaient bavarder commodément tout en travaillant. En fait, la limitation des heures de travail et l'organisation permettant d'exécuter la tâche dans les conditions les plus favorables, leur ont permis de faire vraiment un travail soutenu, au lieu de prétendre seulement le faire.

Ce n'est qu'après avoir atteint ce stage dans la réorganisation, après avoir choisi avec soin les ouvrières, avoir pris les précautions pour empêcher tout surmenage et toute tentation de négliger leur travail, avoir établi les conditions les plus favorables pour l'exécuter, qu'on pût faire le pas décisif qui assura aux ouvrières de beaux salaires et aux employeurs le rendement maximum joint à la meilleure qualité, c'est-à dire le prix de revient très bas.

Ce dernier stage consista à donner chaque jour, à chaque ouvrière, une tâche soigneusement mesurée, correspondant à un travail régulier et soutenu de toute la journée et de lui allouer une prime élevée, chaque fois qu'elle accomplit cette tâche. Dans le cas présent, ce résultat fut obtenu par l'emploi du système connu sous le nom de travail aux pièces avec tarif différentiel. Dans ce système, la paye de chaque ouvrière est augmentée proportionnellement à son rendement et plus encore au fini de son travail. Comme on verra plus loin, le tarif différentiel (la base différentielle étant constituée par les lots de la contre-inspection), permit un gain important dans la quantité de travail fait et en même temps, une amélioration sensible de la qualité.

Pendant tout le temps de la formation des vérificatrices, il fut nécessaire de mesurer le rendement de chacune au moins une fois par heure et d'envoyer un instructeur à toute ouvrière qui échouait dans sa tâche pour l'aider, la diriger et l'encourager. On peut tirer de là un principe général qui peut être de quelque intérêt pour tous ceux qui s'occupent spécialement de la direction des hommes.

La récompense, si on veut qu'elle ait quelque effet pour stimuler les hommes à faire de leur mieux, doit venir peu après que le travail a été fait. Car peu d'hommes sont capables de prévoir au delà d'une semaine ou peut-être, au maximum, d'un mois et ne travaillent fort que s'ils ont en vue une récompense plus prochaine.

L'ouvrier moyen doit avoir la possibilité de mesurer ce qu'il a fait et de voir clairement ce qu'il a gagné à la fin de chaque journée, si l'on veut qu'il travaille bien. Les natures moins compliquées, comme les jeunes filles ou les gamins, doivent recevoir en outre, un encouragement spécial, sous forme d'attentions personnelles de leur chef ou avoir la perspective d'une récompense immédiate.

C'est une des principales raisons pour lesquelles la coopération ou la participation aux bénéfices, soit en distribuant des actions négociables aux ouvriers, soit en répartissant un dividende proportionnellement aux salaires annuels, n'ont été, même dans les meilleurs cas, qu'un bien faible stimulant pour les ouvriers. Le bon temps qu'ils sont sûrs d'avoir aujourd'hui en flânant et ne se fatiguant pas, a pour eux bien plus d'attraits que le travail soutenu, avec l'espoir d'une participation 6 mois plus tard. Une seconde raison de l'inefficacité des systèmes de participation réside dans ce fait qu'on n'a découvert aucune forme de coopération dans laquelle chaque individu a le champ libre pour son ambition personnelle. Celle-ci a toujours été et sera toujours un stimulant incomparablement plus puissant que le désir de la félicité universelle. Les quelques fainéants qui touchent, sans rien faire, autant de profit que ceux qui travaillent, sont certains, avec ce régime, d'attirer à leur niveau les meilleurs ouvriers. Enfin, les difficultés formidables des systèmes de coopération sont l'équitable répartition des bénéfices et le fait que les ouvriers sont toujours prêts à partager les profits et ne veulent jamais partager les pertes. Enfin, dans bien des cas, il n'est ni juste, ni raisonnable, de faire partager des profits et des pertes, qui sont dus, en grande partie, à des causes indépendantes de leur influence et de leur contrôle et sur lesquelles ils ne peuvent agir.

Pour en revenir aux vérificatrices des billes de bicyclettes, le résultat final de tous ces changements fut que 35 ouvrières firent le travail qui autrefois en exigeait 120 et que le fini, à cette allure, fut supérieur des 2/3 à ce qu'il était jadis.

Le bénéfice pour les ouvrières fut le suivant :

1° Elles gagnèrent des salaires supérieurs de 80 à 100 0/0 aux salaires antérieurs ;

2° La durée du travail fut réduite de 10 h. 1/2 à 8 h. 1/2 par jour, plus une demi-journée de repos le samedi. On leur donnait en outre, chaque jour, 4 périodes de récréation convenablement espacées, ce qui rendait le surmenage impossible pour une ouvrière vigoureuse ;

3° Chaque ouvrière sentait qu'elle était l'objet de l'intérêt de la direction et que si elle ne réussissait pas, on mettrait à sa disposition une personne compétente pour l'aider et l'instruire ;

4° Toutes les ouvrières avaient deux jours consécutifs de congés payés chaque mois, qu'elles pouvaient prendre quand elles voulaient.

Les bénéfices de la Compagnie furent les suivants :

1° Une amélioration sensible de la qualité du produit fabriqué ;

2° Une diminution du prix de revient de la vérification malgré les augmentations de salaires et les dépenses dues aux comptables, instructeurs, contre-vérificatrices, etc. ;

3° Etablissement de relations très amicales entre la direction et les employées, rendant impossible toute grève et tout conflit de travail.

Ces résultats remarquables furent dus à de nombreux changenients ayant permis de faire exécuter le travail dans des conditions plus favorables ; il ne faut pas oublier cependant, que le facteur le plus important fut, dans ce cas, le choix rigoureux d'ouvrières dont les perceptions étaient rapides et l'équation personnelle peu élevée, c'est-à-dire la sélection scientifique du personnel.

FABRICATION DES PIÈCES MÉCANIQUES.

Les exemples précédents ont été intentionnellement choisis parmi les types de travaux les plus élémentaires et l'on pourrait douter qu'une telle coopération soit possible et désirable avec des mécaniciens intelligents, c'est-à-dire des hommes plus capables de généraliser et paraissant aptes à choisir par eux-mêmes, les méthodes les meilleures et les plus scientifiques. Les exemples suivants essayeront de démontrer que dans les travaux les plus difficiles, les lois scientifiques sont si compliquées que le meilleur mécanicien, plus encore que le simple manœuvre, a besoin de la coopération d'un homme plus habitué que lui à découvrir les lois, à les développer et chargé de lui apprendre à travailler conformément à ces lois. Ces exemples rendront tout à fait évidente notre proposition : que dans tous les arts mécaniques, la science qui régit chacun des actes de l'ouvrier est si grande et si complexe, que l'homme le plus exercé à son travail est incapable, soit par manque d'éducation, soit par insuffisance de capacités intellectuelles, de comprendre cette science.

Un doute pourrait peut-être subsister dans l'esprit de certains lecteurs. Dans le cas, par exemple, d'une usine qui fabrique toujours la même machine en grande quantité et dans laquelle chaque mécanicien répète indéfiniment la même série limitée d'opérations, on peut se demander si l'ingéniosité de chaque ouvrier et l'aide qu'il reçoit de temps en temps de son contremaître ne lui permettent pas de trouver des méthodes supérieures et d'acquérir une dextérité personnelle telle qu'aucune étude scientifique ne pourrait amener une augmentation de rendement notable.

Il y a quelques années, une usine occupant environ 300 ouvriers, qui fabriquait depuis 10 ou 15 ans la même machine, nous pria d'examiner si l'introduction de l'organisation scientifique ne pourrait pas amener un supplément de bénéfices. Les ateliers étaient conduits depuis longtemps, par un bon chef de service dirigeant d'excellents contremaîtres et ouvriers, avec le système du travail aux pièces. L'affaire était certainement en bien meilleur état que la plupart des ateliers de mécanique de la région. Le chef de service fut très froissé lorsqu'on lui annonça que, par l'adoption du système à la tâche, le rendement de l'atelier, avec le même personnel et le même outillage, pourrait être plus que doublé. Il dit qu'à son avis, de telles prétentions étaient des exagérations absolument fausses et qui, loin de lui inspirer confiance, ne faisaient que l'écœurer par leur impudence. Il voulut bien cependant, désigner une des machines dont le rendement pouvait représenter, à son avis, la moyenne de l'atelier et permettre de démontrer sur cette machine que ce rendement pouvait être plus que doublé par l'adoption des méthodes scientifiques.

La machine qu'il avait choisie, représentait tout à fait bien l'atelier ; elle avait été conduite pendant 10 ou 12 ans par un excellent mécanicien dont l'habileté était plutôt supérieure à celle de la moyenne des autres ouvriers. Dans les ateliers de ce genre où des pièces mécaniques semblables sont faites indéfiniment, le travail est nécessairement très divisé et un homme n'exécute qu'un nombre assez limité de pièces différentes pendant une année.

On enregistra soigneusement en présence des deux parties, le temps employé à terminer chacune des pièces fabriquées par cette machine. Le temps total nécessaire pour finir chaque pièce, les vitesses et les avances exactes adoptées furent notées, aussi bien que le temps employé à placer et déplacer la pièce sur la machine. Ayant ainsi obtenu des données représentant la bonne moyenne du travail fait dans l'atelier, on appliqua à cette machine les principes d'organisation scientifique.

Au moyen de 4 règles à calcul très étudiées et faites spécialement pour déterminer la capacité des machines à travailler

les métaux, on entreprit une analyse précise de chaque élément de la machine dans ses relations avec le travail exécuté. La profondeur de coupe aux diverses vitesses, l'avance
et les vitesses furent déterminées au moyen des règles à calcul
et les changements nécessaires furent apportés à la transmission, pour obtenir les vitesses désirées. Les outils fabriqués
en acier rapide et aux formes appropriées, furent dressés et
traités convenablement et on employait le même acier rapide
que celui dont on se servait déjà couramment dans tout l'atelier. On put alors construire une règle à calcul spéciale, donnant les vitesses et les avances correspondant, pour chaque
espèce de travail, au temps minimum d'exécution possible
avec ce tour. Après avoir ainsi permis à l'ouvrier de travailler
conformément à la nouvelle méthode, on fit exécuter sur ce
tour les pièces qui avaient été l'objet de nos essais et le gain
de vitesse obtenu en conduisant la machine selon les principes scientifiques, s'éleva de 2 fois et demie dans le cas le
plus défavorable, à 9 fois **dans** le meilleur.

Le remplacement par l'organisation scientifique des méthodes empiriques ne consiste pas cependant, dans la seule
recherche des meilleures vitesses et la transformation de l'outillage de l'atelier ; il faut aussi un changement complet dans
l'attitude de tous les ouvriers vis-à-vis de leur tâche et de
leurs employeurs. On peut relativement vite obtenir les perfectionnements de machines nécessaires pour assurer de grands
bénéfices et apprécier, à la suite d'une étude des mouvements
et des temps, la rapidité avec laquelle le travail doit être fait.
Mais les changements de la mentalité et des habitudes de
300 ouvriers ne peuvent être obtenus qu'à la longue et par une
série d'exemples objectifs, ayant pour résultat de démontrer
finalement à chacun, le grand avantage qu'il a à coopérer cordialement avec la direction. Aussi bien, au bout de trois ans
dans l'atelier en question, le rendement avait été plus que
doublé par homme et par machine ; les hommes soigneusement choisis, avaient été presque tous promus à une classe
supérieure et si bien formés par leurs contremaîtres qu'ils
pouvaient gagner des salaires meilleurs qu'autrefois. L'augmentation des salaires journaliers était de 35 0/0 environ, bien

que la dépense totale de main-d'œuvre fût moindre qu'auparavant. L'accroissement de vitesse dans l'exécution nécessita évidemment la substitution des méthodes les plus rapides aux anciennes méthodes empiriques et une analyse précise du tour de main (ce mot désignant la partie du travail qui dépend de l'habileté et de l'activité de l'ouvrier, complètement indépendante du travail fait par la machine). Le temps gagné ainsi est le plus souvent supérieur encore à celui qu'on peut gagner sur les machines.

DE LA TAILLE DES MÉTAUX

Il semble utile d'expliquer comment il se fait qu'en s'aidant d'une règle à calcul et de l'étude de l'art de la coupe des métaux, un homme qui ignore absolument ce genre de travail et n'a jamais conduit cette machine, puisse arriver à travailler deux fois et demie à neuf fois plus vite qu'un bon mécanicien qui travaille sur cette machine depuis 10 à 12 ans. La raison est que l'art de la coupe des métaux est une véritable science dont l'application est si compliquée qu'il est impossible à un mécanicien conduisant journellement un tour, de la connaître ou d'en appliquer les lois, sans l'aide d'hommes qui se sont spécialisés dans cette étude. Les gens peu familiarisés avec les travaux de mécanique sont portés à considérer la fabrication de chaque pièce comme un problème spécial, indépendant de tout autre travail du même genre. Ils croient, par exemple, que la construction des diverses parties d'une machine à vapeur exige des connaissances que seuls possèdent quelques mécaniciens spécialisés pour la vie dans cette construction et que les problèmes qu'ils ont à résoudre sont entièrement différents de ceux que l'on rencontre dans la fabrication des machines-outils, par exemple. En réalité, l'étude des éléments qui différencient la fabrication des pièces de machines à vapeur de celles des machines-outils, est bien peu de chose comparée à l'étude de la science de la taille des métaux, dont la connaissance permet seule d'exécuter rapidement les travaux mécaniques de toutes espèces.

Le vrai problème consiste à tirer rapidement des copeaux d'une pièce fondue ou forgée et de finir la pièce à ses dimensions exactes, dans le temps le plus court possible ; peu importe d'ailleurs si la pièce qu'on travaille fait partie d'une machine marine, d'une presse à imprimer ou d'une automobile. C'est pourquoi un homme familiarisé avec la science de la taille des métaux, peut avec une règle à calcul, distancer de beaucoup, dans un travail nouveau pour lui, un mécanicien habile et spécialisé depuis des années. Il faut constater d'ailleurs que, d'une manière générale, les progrès réalisés dans les arts mécaniques sont dus aux hommes intelligents et instruits et non aux ouvriers occupés constamment à leur métier ; ceux-là seuls s'engagent dans la voie qui conduit à développer une science là où précédemment n'existait que l'empirisme traditionnel. Lorsque les hommes habitués par leur éducation à généraliser et à chercher partout des lois, se trouvent en présence d'une foule de problèmes plus ou moins semblables comme il en existe dans chaque métier, ils cherchent inévitablement à grouper logiquement ces problèmes et à déterminer les règles où les lois qui les guident vers la solution. On a déjà fait remarquer que les principes essentiels du système de direction « initiative et stimulant », laissent la solution de tous ces problèmes à chacun des ouvriers, tandis que l'organisation scientifique la confie à la direction. Le temps de l'ouvrier est entièrement pris chaque jour, par l'exécution de sa tâche et quand bien même il aurait l'éducation et les habitudes de généralisation nécessaires, il lui manquerait le temps et l'occasion de développer des lois ; car l'étude d'une loi même simple, l'étude du temps par exemple, réclame la coopération de deux hommes au moins, dont l'un travaille pendant que l'autre observe au chronomètre. Si d'ailleurs, l'ouvrier arrivait à trouver des lois là où n'existent que des recettes empiriques, son intérêt personnel lui ferait tenir secrète une découverte qui lui permettrait de faire plus de travail que ses voisins et de gagner de meilleurs salaires.

Avec l'organisation scientifique d'ailleurs, c'est à la fois un devoir et un plaisir pour ceux qui dirigent, non seulement

de remplacer les méthodes empiriques par des méthodes
scientifiques, mais encore d'apprendre à leurs ouvriers à en
profiter. Les résultats utiles qu'on en tire, sont toujours si
grands qu'ils suffisent pour payer le temps et les expériences
que ces méthodes nécessitent. Ces méthodes exactes et scientifiques remplacent tôt ou tard les procédés empiriques, car
il est impossible de travailler scientifiquement avec les an·
ciens systèmes d'organisation.

Le développement de la science de la coupe des métaux
est une preuve concluante de ce fait. A l'automne de 1880.
époque où l'auteur commençait à faire les expériences déjà
citées pour déterminer ce qui constitue la véritable tâche journalière d'un bon mécanicien, il obtint de M. Sellers, président de la Midvale Steel Company, la permission de faire une
série d'expériences pour déterminer les meilleures formes
d'outils et les vitesses les plus favorables au travail de l'acier.
On croyait alors que ces expériences ne dureraient guère plus
de 6 mois et si on s'était douté du temps qu'elles exigeraient,
on n'aurait probablement pas accordé les crédits nécessaires.

Un tour vertical de 1 m. 85 de diamètre fut la première
machine soumise aux essais. On passait sur ce tour les grands
bandages de locomotives, en acier de composition uniforme
et on déterminait peu à peu la forme que devaient avoir les
outils et la manière de s'en servir pour accélérer le travail
(fig. 8). Au bout de 6 mois, on avait obtenu assez de résultats pratiques pour payer et au delà les frais de fournitures et
de main d'œuvre causés par ces expériences et cependant on
n'avait réussi qu'à se convaincre que les données obtenues
étaient seulement une petite fraction de la science à développer. science indispensable pour mener à bien la tentative
de diriger et d'aider constamment les mécaniciens dans leur
travail.

Cette série d'expériences fut continuée pendant une période
de 26 ans, sauf interruptions fortuites et on construisit dix
machines d'expériences différentes pour faire ce travail. On
enregistra 30.000 à 50.000 essais, outre beaucoup d'autres dont
les résultats ne furent pas conservés. L'étude de ces lois né·

Fig. 8. — Un des tours ayant servi aux expériences de F. Taylor.

cessita l'emploi de 400 tonnes de fer et d'acier et la dépense totale s'éleva de 750.000 à un million de francs.

Un effort de ce genre est extrêmement intéressant pour quiconque s'occupe de recherches scientifiques. Il ne faut pas oublier, cependant, que cette fois, les directeurs qui permirent la continuation de ces expériences pendant de nombreuses années et fournirent les crédits et les facilités pour les faire, ne recherchaient pas une pure connaissance scientifique; leur but essentiellement pratique était de se procurer les informations exactes dont ils avaient besoin, pour permettre à leurs mécaniciens de faire leur travail le mieux et le plus rapidement possible.

Toutes ces expériences furent faites pour permettre de répondre correctement aux deux questions que se pose tout mécanicien, lorsqu'il entreprend un travail sur une machine-outil, tour, raboteuse, perceuse, etc. ;

1° A quelle vitesse de coupe dois-je conduire ma machine ?
2° Quelle avance dois-je adopter ?

Elles semblent si simples qu'elles paraissent ne faire appel qu'au jugement et à l'expérience de tout bon mécanicien. En fait, au bout de 26 ans de recherches, on s'est aperçu que dans chaque cas, la réponse est la solution d'un problème de mathématiques compliqué, dans lequel il faut déterminer douze variables indépendantes.

Chacune des douze variables énumérées plus loin a une influence notable sur la solution ; les chiffres donnés avec chacune de ces variables représentent l'effet de l'élément correspondant sur la vitesse de coupe. Ces variables sont :

A. La qualité du métal à couper, c'est-à-dire sa dureté et autres propriétés affectant la vitesse de coupe. La proportion est de 1 dans le cas de l'acier demi-dur ou de la fonte dure, à 100 dans le cas de l'acier très doux à basse teneur en carbone.

B. La composition chimique de l'acier constituant l'outil et le traitement thermique qu'on lui fait subir. La proportion est de 1 pour les outils faits d'acier au carbone trempé, à 7 pour les meilleurs outils d'acier rapide.

C. L'épaisseur du copeau, spirale ou ruban de métal qui

doit être enlevé par l'outil. La proportion est de 1 avec une épaisseur de copeau de 4,75 mm. à 3 1/2, avec une épaisseur de 0,4 mm.

D. La forme ou profil du tranchant de l'outil. La proportion est de 1 avec un outil à bec droit, à 6 avec un outil à bec obtus.

E. L'importance du jet d'eau ou du moyen de réfrigération employé pour l'outil. La proportion est de 1 pour l'outil travaillant à sec, à 1.41 pour l'outil arrosé abondamment.

F. La profondeur de coupe. La proportion varie de 1 avec une profondeur de 12,5 mm. à 1,36 avec une profondeur de 3.15 mm.

G. La durée de la coupe, c'est-à-dire le temps pendant lequel l'outil peut rester sous la pression du copeau sans être réaffûté. La proportion est de 1 avec un outil affûté toutes les heures et demies à 1,20, avec un outil affûté toutes les vingt minutes.

H. Les angles de taillant et de dégagement de l'outil. La proportion varie de 1 avec un taillant de 68° à 1.023, avec un taillant de 61°.

J. L'élasticité de la pièce et de l'outil dont dépend le broutement. La proportion varie de 1 dans le cas du broutement à 1.15 dans le cas contraire.

K. Le diamètre de la pièce moulée ou forgée qu'il s'agit de travailler.

L. La pression du copeau sur l'outil.

M. L'effort de traction et l'avance de la machine aux diverses vitesses.

Bien des gens peuvent croire exagéré qu'il ait fallu une période de 26 ans pour étudier l'effet de ces douze variables sur la vitesse de coupe des métaux ; ceux qui ont l'habitude personnelle de l'expérimentation, savent fort bien que la grande difficulté du problème réside dans le fait d'un grand nombre d'éléments variables. La grande perte de temps fut causée en effet, par la difficulté de maintenir constantes 11 des variables pendant toute la durée de l'expérience, alors qu'on fait varier la douzième. Le fait de maintenir constantes les 11 variables, présentait bien plus de difficultés que l'étude de l'influence du douzième élément.

Lorsqu'on eut déterminé l'effet de chacune de ces variables sur la vitesse de coupe, il fut nécessaire pour permettre d'utiliser pratiquement ces résultats de trouver une formule mathématique exprimant, sous une forme concise, les lois obtenues. On peut se rendre compte de la complexité des formules trouvées par les trois exemples suivants :

$$P = 45.000 \; D^{\frac{14}{15}} \; F^{\frac{3}{4}}$$

$$V = \frac{90}{T^{\frac{1}{8}}}$$

$$V = \frac{11,9}{F^{\cdots} \left(\frac{48}{3} D\right)^{\cdots} \cdots}$$

Ceci fait, il restait encore la tâche difficile de trouver une méthode permettant de résoudre ces formules compliquées, assez rapidement pour en permettre l'utilisation courante. Un bon mathématicien qui, mis en présence de ces formules chercherait à les résoudre et à en tirer la vitesse et l'avance correctes pour un travail déterminé, mettrait bien de 2 à 6 heures pour résoudre un seul problème de ce genre et bien plus encore, pour tous les problèmes qui peuvent se poser à l'ouvrier qui fait travailler sa machine. Cette recherche d'une solution rapide était donc de première importance et tout en la faisant, on proposait de temps en temps le problème tout entier, à l'un ou l'autre des meilleurs mathématiciens du pays, en faisant entrevoir une gratification importante, s'ils découvraient une méthode pratique. Les uns jetaient tout juste un coup d'œil sur la question ; les autres, par politesse, l'examinaient deux ou trois semaines ; tous donnaient la même réponse : que dans bien des cas, il est possible de résoudre des problèmes mathématiques contenant 4 variables, parfois 5 ou 6, mais qu'il était manifestement impossible de résoudre un problème contenant douze variables, autrement que par la méthode extrêmement lente des approximations.

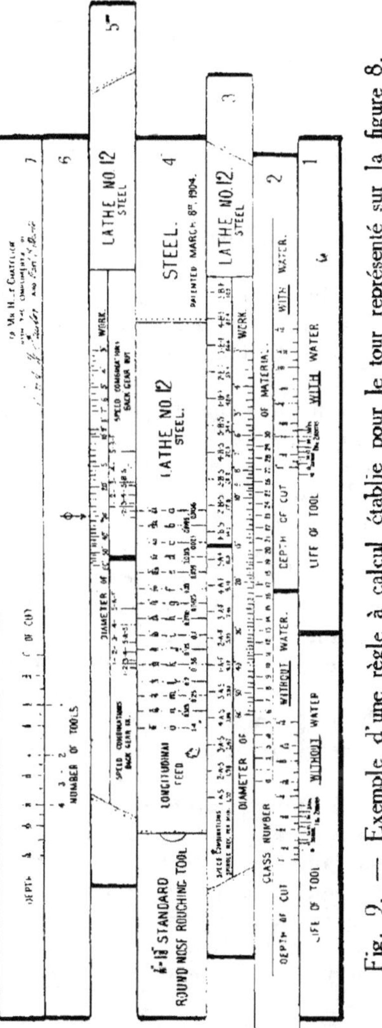

Fig. 9. — Exemple d'une règle à calcul établie pour le tour représenté sur la figure 8.

Une solution rapide s'imposait cependant, pour l'emploi journalier de ces formules à l'atelier et malgré les maigres encouragements des mathématiciens, on continua pendant 15 ans et assez irrégulièrement, à employer une grande partie du temps consacré aux recherches, à trouver une solution simple. Quatre ou cinq personnes s'occupèrent à divers moments, à peu près exclusivement de cette besogne et finalement, on construisit à la Bethlehem Steel Company, la règle à calcul représentée sur la planche n° 13 de l'ouvrage « On the Art of Cutting Metals » et décrite en détail dans le mémoire présenté par M. Carl G. Barth à l'American Society of Mechanical Engineers et intitulé « Slide Rules for the Machine Shop, as a part of the Taylor System of Management » (1). Au moyen de cette règle, un quelconque de ces problèmes compliqués peut être résolu, en moins d'une demi-minute, par n'importe quel bon mécanicien, qu'il comprenne ou non les mathématiques ; de la sorte, l'utilisation des résultats obtenus après de nombreuses années de recherches, est rendu possible pour le travail de chaque jour.

Cet exemple montre clairement que l'on peut toujours trouver un procédé pratique, permettant de se servir rapidement des données scientifiques les plus compliquées et qui semblent, à première vue, inutilisables à ceux qui possèdent l'éducation technique courante. Ces règles à calcul ont été employées constamment, pendant des années, par des mécaniciens qui ne connaissent pas les mathématiques. Un coup d'œil sur les formules compliquées qui représetent les lois de la coupe des métaux, montre clairement pourquoi il est impossible à un ouvrier qui les ignore et qui n'a que son expérience personnelle, de répondre correctement aux deux questions : Quelle vitesse et quelle avance faut-il employer ? quand bien même il répéterait indéfiniment le même travail.

Pour en revenir au cas du mécanicien qui avait passé dix à douze ans à fabriquer indéfiniment les mêmes pièces, il y avait bien peu de chances pour que dans les diverses espèces de travail qui lui étaient confiées, il pût trouver, entre les

______

(1) « Transactions of the American Society of Mechanical Engineers », vol. XXV.

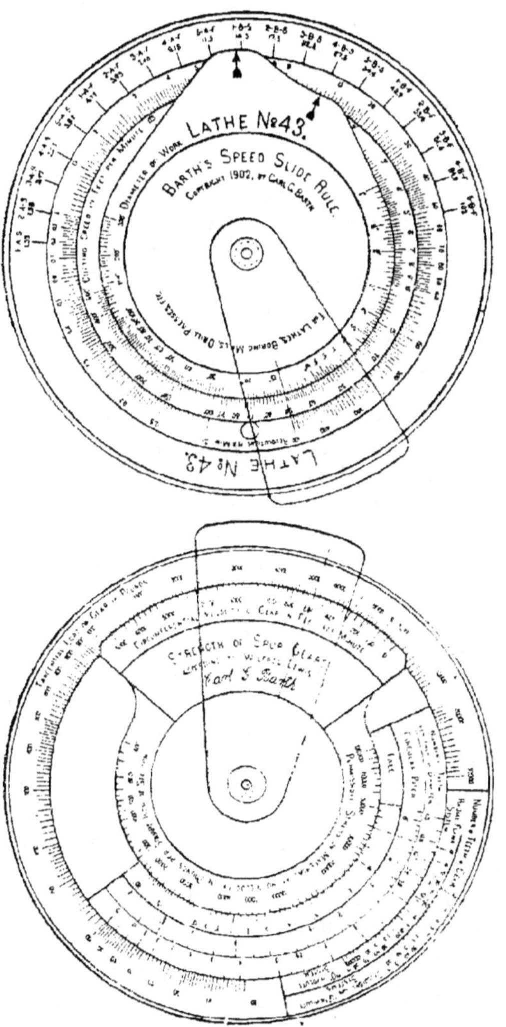

Fig. 10. — Règles à calcul circulaires de Barth.

centaines de méthodes qui se présentaient à lui, la seule qui fût la meilleure. Il ne faut pas oublier d'ailleurs, que les machines à couper les métaux employées dans nos ateliers, avaient eu leurs vitesses fixées par le fabricant et cela à l'estime et sans aucune donnée scientifique. On remarqua en effet que parmi une centaine de machines dont l'allure avait été déterminée par le constructeur, aucune ne tournait au voisinage de sa vitesse de coupe correcte : de sorte que le mécanicien qui aurait voulu étudier scientifiquement son travail, aurait dû, pour employer les vitesses convenables, modifier d'abord les poulies du renvoi de sa machine et changer le plus souvent la forme et le traitement de ces outils, toutes choses qui sont au delà de ses attributions, quand bien même il sût devoir y trouver son avantage.

S'il est évident pour le lecteur que les connaissances empiriques, acquises par un mécanicien chargé d'un travail indéfiniment répété, ne peuvent rivaliser avec la science de la coupe des métaux, il est encore plus vrai que le mécanicien de tout premier ordre, à qui on confie chaque jour un travail différent, est absolument incapable de concurrencer les méthodes scientifiques. Ce mécanicien, en effet, devrait, pour faire chaque jour, dans le temps le plus court, un travail différent, posséder, outre la science complète de l'art de la coupe des métaux, la science et l'expérience de tours de main de fabrication. Il suffit de se rappeler le gain réalisé par M. Gilbreth, par l'étude des temps et des mouvements dans l'art de poser les briques, pour apprécier tous les avantages que peut retirer un chef d'usine de l'emploi de méthodes permettant de faire plus rapidement toutes sortes de travaux manuels, en s'appuyant sur l'étude scientifique des mouvements et des temps.

Depuis une trentaine d'années, des chronométreurs attachés à la direction de certains ateliers, ont passé tout leur temps à l'étude scientifique des mouvements et des temps, appliquée à tous les éléments du travail du mécanicien. Si les instructeurs qui forment une partie de la direction et coopèrent avec les ouvriers, doivent posséder à la fois la science du travail des métaux et celle également précise des temps et des mouvements correspondants il est aisé de se rendre compte pour-

quci le meilleur mécanicien est incapable de travailler convenablement, sans l'aide journalière de son instructeur. Si ce
fait est rendu évident pour le lecteur, un des buts principaux
de cet ouvrage est atteint.

Les exemples développés précédemment, font voir clairement, semble-t-il, pourquoi la direction scientifique produit inévitablement dans tous les cas, à la fois pour l'employeur et
l'employé, des résultats incomparablement supérieurs à ceux
des autres systèmes. Ces résultats sont obtenus, non pas par
une supériorité marquée du mécanisme d'un type de direction, mais plutôt par un changement complet des principes
directeurs et de l'esprit du système d'organisation.

Pour en revenir aux exemples précédents, on peut voir que
les résultats remarquables obtenus proviennent principalement :

1° De la substitution d'une science au jugement individuel
de l'ouvrier ;

2° Du choix et de la formation de cet ouvrier qui est étudié,
instruit, entraîné et pour ainsi dire expérimenté : ce qui l'empêche de choisir lui-même, au hasard, sa voie ;

3° De la coopération intime de la direction et de l'ouvrier,
telle qu'ils travaillent ensemble conformément aux lois scientifiques ; ce qui évite de laisser à chaque homme la solution
de chaque problème.

L'application de ces principes nouveaux décharge l'ouvrier
d'une partie de l'effort individuel qu'on lui demandait autrefois et partage à peu près également la tâche à remplir, la
direction se chargeant de la partie qui lui revient et l'ouvrier
faisant le reste.

MÉTHODES D'ÉTUDE SCIENTIFIQUE DU TRAVAIL

Le développement d'une science semble une formidable
entreprise et en fait, l'étude complète d'une science telle que
celle de la coupe des métaux, exige nécessairement de nombreuses années de travail. Cette science d'ailleurs, représente
dans sa complication, un cas extrême dans les arts mécani-

ques. Cependant, même dans une science aussi complexe, on peut obtenir au bout de quelques mois d'études, assez de renseignements utiles pour payer les frais des expériences entreprises. Cela est vrai pratiquement dans le cas du développement scientifique de tous les arts mécaniques. Les premières lois relatives à la coupe des métaux étaient approximatives et ne contenaient qu'une partie de la vérité ; et cependant, cette connaissance imparfaite était bien préférable au manque complet d'informations exactes ou aux règles empiriques qui existaient jusque-là, puisqu'elles permirent aux ouvriers, avec l'aide de la direction, de faire plus vite un meilleur travail.

Par exemple, il fallut très peu de temps pour découvrir un ou deux types d'outils, très imparfaits il est vrai, si on les compare à ceux qu'on détermina plus tard, mais qui étaient franchement supérieurs aux outils de toutes formes employés jusqu'alors. Ces outils furent adoptés comme types et permirent une augmentation immédiate de la vitesse pour toutes les machines qui en furent pourvues. Ces types furent détrônés, au bout de peu de temps, par d'autres outils qui devinrent des types et furent à leur tour remplacés par d'autres plus perfectionnés.

Les sciences relatives à la plupart des arts mécaniques, sont d'ailleurs beaucoup plus simples que celles de la coupe des métaux ; dans presque tous les cas même, les lois et les règles sont si simples qu'on hésite souvent à les honorer du nom de science. Dans la plupart des métiers, cette science ne dépend que d'une analyse relativement simple des temps et des mouvements que doit faire l'ouvrier pour exécuter une petite partie de son travail ; une telle étude est faite, à l'ordinaire, par un homme armé simplement d'un compteur à secondes et d'un carnet. Des centaines de ces hommes sont occupés à présent, à déterminer des règles scientifiques élémentaires, là où n'existait auparavant que l'empirisme. Les études de M. Gilbreth relatives à la pose des briques exigent des recherches beaucoup plus compliquées qu'il n'est nécessaire dans la plupart des cas. La méthode générale à suivre est la suivante :

1° Trouver 10 ou 15 hommes, appartenant de préférence à des usines distinctes et originaires de pays différents, entraînés spécialement au travail que l'on désire analyser ;

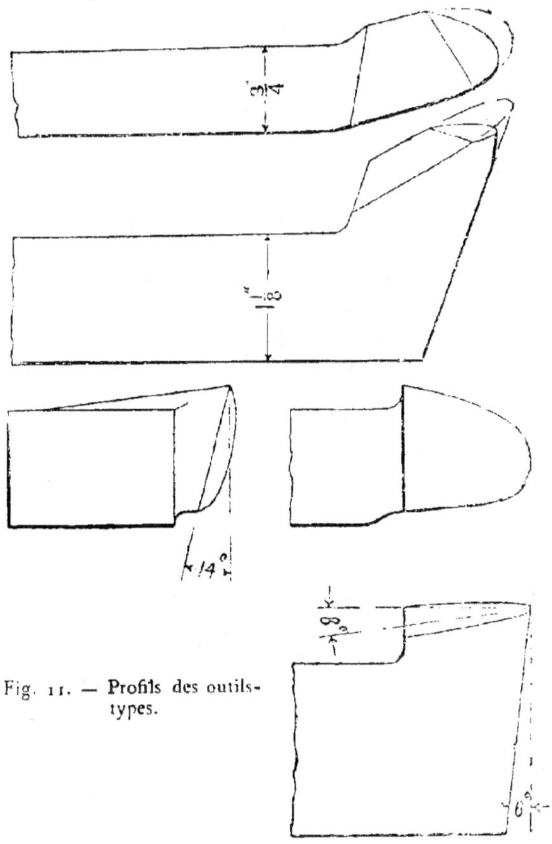

Fig. 11. — **Profils des outils-types.**

2° Etudier la série exacte des opérations et des mouvements élémentaires que fait chacun de ces hommes en exécutant le travail considéré et les outils qu'il emploie ;

3° Etudier au compteur à secondes, le temps exigé par

chacun de ces mouvements élémentaires et choisir le procédé permettant de gagner le plus de temps ;

4° Eliminer tous les mouvements lents et inutiles ;

5° Cette élimination faite, grouper la série des mouvements les plus rapides et les plus efficaces et employer les meilleurs outils.

La nouvelle méthode ainsi constituée par la série des mouvements les plus rapides est substituée aux dix ou quinze méthodes inférieures antérieurement en usage ; elle devient et reste la méthode type qui est enseignée, d'abord aux instructeurs et par eux, à tous les ouvriers de l'usine, jusqu'à ce qu'elle soit supplantée par une série de mouvements plus avantageuse ; c'est ainsi, par cette simple méthode, que l'un après l'autre sont développés les éléments de la science.

On étudie de la même manière chaque type d'outil employé. Avec les anciennes méthodes de direction, chaque ouvrier devant se rendre compte par lui-même de la manière la plus rapide de faire son ouvrage, il en résultait toujours une grande variété de formes et de types d'outils, chacun correspondant à un but spécial.

La méthode scientifique exige d'abord un examen attentif de chacune des nombreuses formes données empiriquement aux outils ; ensuite, après une étude de la vitesse que l'on peut atteindre avec chacun de ces types, elle consiste à grouper dans un même outil les qualités de chacun d'eux, de manière à obtenir un outil type, permettant un travail plus rapide et un emploi plus commode. Cet outil est adopté comme type à la place de tous ceux qui étaient employés auparavant et il reste l'outil type jusqu'à ce que l'étude des temps permette d'en découvrir un meilleur.

Ces considérations suffisent pour faire voir que le développement d'une science n'est pas, le plus souvent, une entreprise formidable, qu'elle peut être accomplie par des hommes quelconques ne possédant pas une formation scientifique complète, mais que d'autre part, le succès de la tentative la plus simple exige des données expérimentales, un système et une coopération, là où n'existait autrefois que l'effort individuel.

PSYCHOLOGIE DE L'OUVRIER

Il est une autre espèce de recherche scientifique dont il a
été parlé, à plusieurs reprises, dans cet ouvrage et qui doit
appeler spécialement l'attention : c'est l'étude minutieuse des
mobiles qui font agir les hommes. A première vue, il peut
sembler que c'est là simplement affaire d'observation et de
jugement individuel et qu'il n'y a pas là matière à des expériences scientifiques exactes. Il est certain que les lois qui résultent d'expériences de ce genre et qui se rapportent à l'or-
ganisme très complexe qu'est l'être humain, sont sujettes à
un plus grand nombre d'exceptions que les lois relatives aux
choses matérielles. Et cependant, des lois de ce genre existent,
qui s'appliquent à la grande majorité des hommes et qui, clairement définies, sont d'un grand secours dans la manière de
les conduire. Pour les découvrir, il a été fait des expériences
minutieuses, soigneusement préparées et conduites pendant
plusieurs années, de la même manière que celles dont il a
été parlé précédemment.

La loi la plus importante peut-être, dans les questions de
ce genre, est l'effet que produit l'idée de tâche sur le rendement de l'ouvrier. Ce point, en effet, est devenu un élément
si important du mécanisme de l'organisation scientifique, que
pour un grand nombre de gens, celle-ci est connue sous le nom
« d'organisation à la tâche ».

Il n'y a absolument rien de nouveau dans l'idée de tâche.
Chacun de nous peut se rappeler que ce principe lui fut appliqué avec profit, lors de ses années de collège. Aucun pro-
fesseur expérimenté ne fixe à ses élèves, une leçon indétermi-
née ; chaque jour une tâche clairement définie est proposée
par lui à chaque élève, déterminant exactement ce qu'il doit
apprendre en chaque matière et c'est par ce seul moyen qu'il
peut obtenir des progrès véritables et systématiques. La plupart des enfants se formeraient bien lentement, si, au lieu de
leur déterminer une tâche, on les priait simplement de travailler de leur mieux. Tous, nous sommes de grands enfants

et il est certain que la plupart des ouvriers travaillent avec plus de plaisir, lorsqu'ils ont chaque jour une tâche définie qu'ils doivent achever en un temps donné. On fournit ainsi à l'ouvrier, un étalon précis, d'après lequel il peut apprécier constamment ses progrès et trouver une satisfaction personnelle, qui n'est pas sans importance, dans l'accomplissement de sa tâche.

L'auteur a décrit ailleurs une série d'expériences faites sur des ouvriers, par lesquelles il a pu démontrer qu'il était impossible de les faire travailler longtemps au-dessus de la moyenne, sans leur assurer une augmentation de salaire notable et permanente. Cette série d'expériences a prouvé aussi qu'on peut trouver beaucoup d'ouvriers consentant à travailler de leur mieux dans ces conditions, s'il est bien entendu que l'augmentation est permanente. Quant au pourcentage exact de cette augmentation correspondant au meilleur rendement, elle dépend du genre de travail que l'homme doit accomplir.

Il est absolument nécessaire que l'ouvrier chargé d'une tâche exigeant de sa part une grande activité, soit assuré d'être payé au tarif maximum, toutes les fois qu'il réussit à l'accomplir. Cela s'obtient, non seulement en fixant la tâche journalière de chaque homme, mais encore en lui payant une forte prime, toutes les fois qu'il l'accomplit dans le délai fixé. Il est difficile d'apprécier à sa juste valeur, l'aide que l'emploi de ces deux éléments apporte à l'ouvrier, en lui permettant d'atteindre les meilleurs rendements obtenus dans son métier et de s'y maintenir, si l'on n'a pas vu travailler successivement le même homme avec les deux systèmes. C'est après des expériences précises, faites sur des ouvriers de valeurs diverses, occupés à des genres de travaux très différents, que l'on peut apprécier les résultats absolument remarquables, et presque uniformes obtenus par l'application correcte des principes de la tâche et de la prime.

Ces deux éléments, tâche et prime, constituent deux des principaux rouages du mécanisme de l'organisation scientifique. Leur importance provient spécialement du fait qu'ils en sont pour ainsi dire le couronnement, exigeant le concours préalable de presque tous les éléments, tels que service de préparation des tâches, étude précise des temps, uniformisation des méthodes et de l'outillage, formation des instructeurs et des contremaîtres, fiches, règles à calcul, etc.

NÉCESSITÉ D'UNE DIRECTION ET D'UNE INSTRUCTION CONSTANTE DES OUVRIERS.

On a déjà signalé plusieurs fois la nécessité d'apprendre systématiquement aux ouvriers comme ils doivent s'y prendre pour travailler de la façon la plus avantageuse. Il semble utile cependant, d'exposer d'une manière plus détaillée, de quelle manière se fait leur éducation. Dans le cas d'un atelier de mécanique dirigé selon les méthodes modernes, des instructions écrites, indiquant en détail la meilleure façon de faire chaque pièce, sont établies à l'avance, par les soins du service spécial de préparation du travail. Ces instructions représentent le travail combiné des employés de ce service dont chacun a une fonction bien définie. L'un, par exemple, est spécialisé dans l'étude des vitesses et de l'outillage, en s'aidant des règles à calcul décrites précédemment ; un autre analyse les mouvements que doit faire l'ouvrier pour placer ou enlever rapidement de sa machine les pièces à travailler ; un troisième, utilisant les résultats fournis par les expériences antérieures, dresse un tableau des temps accordés pour exécuter chaque élément du travail. Les instructions de chacun de ces hommes sont inscrites sur une même fiche remise à l'ouvrier.

Ces employés passent nécessairement la plus grande partie de leur temps dans un bureau où ils ont à leur portée les renseignements et les données auxquels ils doivent constamment se référer et où ils peuvent jouir du calme et des commodités réclamés par leur genre de travail. Mais la nature humaine est ainsi faite que beaucoup d'ouvriers, abandonnés à eux-mêmes, ne tiennent guère compte des instructions écrites : aussi est-il nécessaire de prévoir des instructeurs ou contremaîtres, chargés de s'assurer que les ouvriers comprennent et appliquent les instructions écrites.

Avec cette organisation, le contremaître unique d'autrefois est remplacé par huit hommes dont chacun a une charge spéciale et ces hommes, agents du service de préparation du travail, sont aussi des instructeurs capables, passant tout leur temps à l'atelier à diriger et seconder les ouvriers. Etant choisis chacun pour son habileté et sa compétence dans sa spécialité, ces contremaîtres peuvent non seulement dire à l'ouvrier ce qu'il doit faire, mais au besoin, faire eux-mêmes le travail en sa présence, pour le convaincre de la rapidité et de l'excellence de leurs méthodes.

Un de ces instructeurs, l'inspecteur, s'assure que l'ouvrier comprend les dessins et les instructions données ; il lui indique quelle espèce de travail on lui demande, fini et exact dans certains cas, simplement dégrossi et rapide lorsque l'exactitude n'est pas indispensable. Un second, le chef d'équipe, montre comment il doit placer la pièce sur la machine et lui indique les mouvements qu'il doit faire, pour travailler le plus rapidement possible. Un troisième, le chef d'allure, s'assure que la machine est conduite à la vitesse convenable et qu'on emploie l'outil approprié, permettant de terminer la pièce dans le temps le plus court. A côté de ces instructeurs, l'ouvrier reçoit encore des directions et des conseils de quatre autres employés : du chef d'entretien, pour le réglage et la tenue générale de la machine et de sa transmission, du comptable chargé de l'établissement des fiches de paye, du commis qui indique dans quel ordre le travail doit être fait et de quelle manière les pièces doivent passer d'un atelier dans l'autre, et enfin, dans le cas où il s'élève des contestations, de l'employé chargé de maintenir la discipline générale.

Il ne faut pas oublier naturellement, que tous les ouvriers occupés à un certain travail n'ont pas besoin d'être également secondés et surveillés. Les hommes encore peu familiarisés avec leur travail, exigent plus d'attention et de conseils que ceux qui l'exécutent depuis longtemps.

Lorsque, grâce à toutes ces dispositions, l'ouvrier arrive à travailler d'une manière si aisée et en apparence si facile, la première impression est que ce système tend à faire de lui un pur automate. Les ouvriers eux-mêmes disent fréquemment, les premiers jours où on leur applique cette méthode : « Comment, je ne peux pas même penser ou faire un mouvement, sans que quelqu'un m'empêche ou ne le fasse pour moi ! » La même critique peut être faite à toute forme moderne de la division du travail. Le chirurgien moderne n'est certainement pas un esprit plus étroit que l'un quelconque des premiers colons de ce pays ; cependant ce colon n'était pas seulement chirurgien, mais encore architecte, constructeur, bûcheron, fermier, soldat et il devait régler les points de droit à coups de fusil. Il est difficile pourtant, de prétendre que la vie du chirurgien est plus bornée que celle de ce colon ; les nombreux problèmes qu'il doit résoudre, sont aussi compliqués et difficiles dans leur genre et demandent une largeur d'esprit aussi vaste que ceux qui intéressaient l'ancien pionnier. Il est à remarquer que la formation du chirurgien est à peu près identique à celle de l'ouvrier soumis à l'organisation scientifique. Le chirurgien, pendant ses premières années d'études, est placé sous la dépendance immédiate d'un praticien qui lui montre, avec la plus grande minutie, comment il doit s'y prendre pour faire convenablement son métier. On lui procure les meilleurs outils dont chacun a été l'objet d'une étude spéciale et on s'applique à ce qu'il les utilise de la meilleure manière. Cette formation ne borne en rien le développement de son esprit ; bien au contraire, elle lui procure rapidement le meilleur de la science de ses prédécesseurs. Bien plus, le jeune chirurgien armé des méthodes et des outils qui représentent les progrès les plus récents de la science qu'il cultive, peut employer son originalité et son ingéniosité à contribuer pour son propre compte au développement de cette science, au lieu de réinventer les choses déjà connues. De même, l'ouvrier qui coopère avec ses nombreux instructeurs, peut profiter de conditions aussi bonnes et généralement meilleures que celles où il se trouvait lorsque le problème tout entier lui était confié et qu'il faisait toute la besogne par lui-même.

S'il était vrai que l'ouvrier peut, sans l'aide de ses instructeurs et des lois qui régissent son travail, devenir un homme plus habile, il s'ensuivrait que le jeune homme qui entre au collège pour trouver des professeurs capables de lui enseigner les mathématiques, la physique, la chimie, le latin et le grec, ferait mieux d'étudier toutes ces matières sans maître et avec ses seules ressources. La seule différence dans les deux cas, est que les étudiants vont vers le maître, tandis que, par la nature même du travail de l'ouvrier, le maître doit aller à lui. Dans tous les cas, grâce aux instructions qui lui sont données, l'ouvrier d'une valeur intellectuelle déterminée devient susceptible de faire un travail plus compliqué, plus intéressant et plus profitable qu'auparavant. Le manœuvre qui n'était capable que de manutentionner et rouler des matériaux ou de transporter, d'un point à un autre de l'atelier, les pièces à travailler, peut apprendre le plus souvent les travaux élémentaires de mécanicien et se procurer ainsi l'agrément et les avantages pécuniaires attachés à ce métier. L'aide mécanicien tout au plus bon à conduire une presse à percer, arrive à exécuter le travail plus compliqué et plus rémunérateur du tour et de la raboteuse et les plus intelligents deviennent contremaîtres et instructeurs à leur tour.

Il peut sembler qu'avec l'organisation scientifique, l'ouvrier est moins stimulé qu'autrefois à faire preuve d'ingéniosité, en cherchant à perfectionner ses méthodes de travail et son outillage. Il ne peut, il est vrai, se servir que des méthodes et des outils qui lui sont indiqués ; mais il faut encourager, cependant, tout homme qui suggère quelque perfectionnement et toutes les fois qu'une proposition de ce genre a lieu, il est du devoir de la direction d'analyser avec soin la nouvelle méthode et de déterminer au besoin exactement, par une série d'expériences, les mérites relatifs de la nouvelle proposition et de l'ancienne pratique. Si la nouvelle méthode présente une supériorité marquée sur l'ancienne, elle doit être adoptée officiellement dans toute l'usine. L'ouvrier doit garder tout l'honneur du perfectionnement et recevoir une gratification en récompense de son ingéniosité. L'initiative de l'ouvrier est ainsi mieux encouragée que par tout autre système.

CONFUSION ENTRE LA PHILOSOPHIE DE L'ORGANISATION SCIENTIFIQUE ET LES DÉTAILS PRATIQUES DE SON FONCTIONNEMENT.

L'historique du développement de l'organisation scientifique donne lieu à une remarque. Le mécanisme de cette organisation ne doit pas être confondu avec son essence et le même mécanisme peut, en un cas, produire des résultats désastreux et dans l'autre, être extrêmement favorable. C'est que, dans un cas, on aura appliqué ses principes fondamentaux et dans l'autre, on se sera mépris sur sa véritable philosophie. Des centaines de gens ont déjà fait cette confusion entre le mécanisme du système et son essence. MM. Gannt, Barth et l'auteur ont présenté des mémoires à l'American Society of Mechanical Engineers, relatifs à l'organisation scientifique, où le mécanisme en est décrit tout au long. Comme éléments de ce mécanisme, on peut citer :

L'étude des temps, celle des outils et méthodes nécessaires pour l'entreprendre ;

La division du travail appliquée à la surveillance et sa supériorité sur l'ancien type de surveillance par un seul contremaître ;

L'unification de tout outillage de l'usine et des mouvements exécutés par chaque ouvrier pour chaque espèce de travail ;

L'utilité d'un service de préparation du travail ;

L'emploi de règles à calcul et autres artifices permettant de gagner du temps ;

Les fiches d'instructions pour les ouvriers ;

L'idée de tâche, accompagnée d'une forte prime quand l'ouvrier réussit à l'accomplir ;

Le tarif différentiel ;

Les moyens mnémoniques de classement des outils, produits manufacturés, etc., etc...

Ce ne sont là, cependant, que les détails du mécanisme d'organisation. Son essence consiste dans la combinaison de quatre principes fondamentaux énoncés précédemment (1).

Lorsque certains éléments de ce mécanisme, l'étude des temps par exemple, sont employés sans être accompagnés de

---

(1) — 1° Développement d'une véritable Science. — 2° Sélection des ouvriers. — 3° Leur éducation. — 4° Collaboration intime entre la direction et le personnel.

ce qui constitue la philosophie véritable du système, les résultats sont le plus souvent désastreux et malheureusement, bien des hommes séduits par les principes de l'organisation scientifique entreprennent trop rapidement la mise en pratique de ce système, sans écouter les avertissements de ceux qui ont mis des années à effectuer ces changements, se butent fréquemment à des troubles sérieux, souvent des grèves et sont obligés de renoncer à leur entreprise.

Dans son mémoire intitulé « Shop Management », l'auteur a appelé spécialement l'attention sur les risques que courent les directeurs, en essayant de changer trop rapidement le système d'organisation. L'avertissement a malheureusement été négligé dans bien des cas. Les changements physiques nécessaires, les études des temps à entreprendre, l'unification de l'outillage, la nécessité d'étudier séparément chaque machine et de la régler parfaitement, tout cela prend beaucoup de temps ; mais de l'étude de tous ces éléments dépend le succès de l'entreprise. D'autre part, le grand problème de la transformation du système d'organisation consiste en un changement complet dans l'attitude et les habitudes, à la fois des ouvriers et de ceux qui les dirigent. Ce changement ne peut être obtenu que graduellement et en montrant à l'ouvrier beaucoup d'exemples pratiques qui, combinés avec les instructions qu'il reçoit, arrivent à le convaincre de la supériorité de la nouvelle manière sur l'ancienne. Ce changement de l'esprit de l'ouvrier demande du temps et on ne peut essayer de l'obtenir trop vite. L'auteur a mille fois averti ceux qui voulaient changer leur système d'organisation, que c'était là une affaire de deux à trois ans et parfois de quatre à cinq ans. Les premiers changements doivent être faits avec une prudence excessive et on doit commencer par les appliquer à un seul ouvrier : tant que celui-ci n'aura pas été convaincu des avantages que lui offre la nouvelle méthode, il ne faut entreprendre aucun autre changement. Les ouvriers sont ensuite amenés, l'un après l'autre, à modifier leur manière de faire. Lorsque un quart ou un tiers des hommes employés par la compagnie sont formés à la nouvelle méthode, on obtient alors des progrès rapides, car au bout de ce temps, il se produit, en général, un revirement complet de l'opinion commune et presque tous les ouvriers qui travaillaient avec l'ancien système. désirent profiter des bénéfices que reçoivent ceux qui sont soumis au nouveau.

L'auteur ne s'occupant plus d'installer lui-même, dans les usines, son système d'organisation, n'hésite pas à féliciter les compagnies assez heureuses pour s'assurer les services d'hommes experts dans l'art d'établir ce nouveau système de direction et intimement pénétrés de ces principes. Il ne suffit pas qu'un tel homme ait dirigé une usine possédant l'organisation scientifique.

L'homme qui entreprend de régler les étapes du changement (surtout dans les usines où le travail est compliqué), devrait avoir une expérience personnelle lui permettant de résoudre les difficultés spéciales rencontrées immanquablement pendant la période de transition. C'est pourquoi l'auteur pense consacrer désormais son temps à conseiller ceux qui désirent faire de ce travail leur profession et indiquer aux chefs d'industrie les étapes nécessaires pendant ces changements.

L'attention de ceux qui projettent l'adoption de l'organisation scientifique, est appelée spécialement sur le point suivant. Certains directeurs, ignorant les conditions nécessaires pour effectuer le changement sans danger de grève et sans risques pour la prospérité de l'usine. ont essayé d'augmenter très rapidement le rendement dans une usine très compliquée, employant 3.000 à 4.000 ouvriers. Les hommes étaient d'une habileté au-dessus de la moyenne, très enthousiastes et ils avaient à cœur, très probablement, les intérêts de leurs ou vriers. L'auteur les avertit, au début, d'aller excessivement lentement. le changement dans une usine de cette nature ne demandant pas moins de 3 à 5 ans. Cet avertissement fut vain, le directeur croyant qu'en combinant le mécanisme de la direction scientifique avec les principes de direction « initiative et stimulant », il pourrait arriver à faire en un an ou deux, ce qui jusqu'alors avait exigé le double de temps. Les données fournies par une étude précise des temps par exemple, sont un outil puissant qui peut être employé soit à créer l'harmonie entre l'ouvrier et la direction, en faisant graduellement l'éducation de celui-là, soit à forcer les ouvriers à augmenter leur production journalière, sans qu'ils en retirent aucun bénéfice appréciable. Malheureusement, les directeurs de cette affaire ne prirent ni le temps, ni la peine de former convenablement les contremaîtres pour guider et instruire les ouvriers ; ils essayèrent avec l'ancien contremaître et la nouvelle arme qui était l'étude précise des temps, d'amener les ouvriers malgré eux et sans bénéfice sensible, à travailler bien davantage, sans les instruire graduellement dans la nouvelle méthode et les convaincre par expérience, que le travail à la tâche signifiait un peu plus d'assiduité, il est vrai, mais aussi beaucoup plus de prospérité. Le résultat de ce mépris des principes fondamentaux fut une série de grèves, suivies de la disgrâce de ceux qui avaient essayé le changement et le retour à des errements bien pires que ceux qui existaient avant un si grand effort. Cet exemple est cité comme une preuve de la futilité qu'il y a à employer le mécanisme d'une organisation sans en conserver l'essence et d'essayer de raccourcir une opération que l'expérience passée montrait devoir être nécessairement longue. Il faut bien insister sur ce fait que les directeurs en question étaient des gens habiles et capables et que l'échec de l'aventure ne fut pas dû à leur incompétence, mais bien à ce qu'ils tentèrent l'impossible. Ces hommes ne commettront plus une semblable méprise et il faut espérer que leur expérience sera un avertissemnt pour les autres.

Il faut remarquer que pendant les trente ans que l'auteur a passés à introduire, l'organisation scientifique dans les usines, on n'a constaté aucune grève lorsque la chose a été faite conformément aux principes, même pendant la période critique du changement de méthode. Ce qui montre que si l'on confie la transformation à des hommes expérimentés et prudents, il n'y a pratiquement aucun danger de grève à craindre ni d'ennui d'aucune sorte à redouter.

Il faut insister encore sur le fait qu'on ne doit en aucun cas modifier l'organisation d'une usine où le travail est compliqué, si les directeurs ne sont pas pleinement pénétrés des principes fondamentaux et s'ils ne sont pas disposés à accepter toutes les conditions requises et en particulier le délai nécessaire.

PARTAGE DES BÉNÉFICES RÉALISÉS.

Les gens qui s'intéressent particulièrement au sort de la classe ouvrière, regretteront qu'avec l'organisation scientifique, l'ouvrier auquel on a appris à doubler sa production, ne reçoive pas un salaire double ; d'autre part, ceux qui s'intéressent plutôt au dividende déploreront l'augmentation des salaires. Il semble à première vue, extrêmement injuste qu'un habile chargeur de gueuses par exemple, qu'on a rendu capable de manutentionner 3,6 fois autant de fonte que l'ouvrier maladroit qu'il était auparavant, ne reçoive qu'une augmentation de 60 0/0 de son ancien salaire. Il faut avant de formuler un jugement définitif, considérer tous les éléments du problème. A première vue, on ne voit dans la transaction que deux partis : les ouvriers et leurs employeurs : on oublie le troisième parti qui est le peuple tout entier, le consommateur qui achète le produit fabriqué par les deux premiers et paye à la fois, en définitive, les salaires des ouvriers et les profits de l'employeur.

Les droits du peuple sont donc supérieurs à ceux de l'employeur et de l'employé et ce troisième parti doit avoir sa part du bénéfice obtenu. En fait, un coup d'œil sur l'histoire de l'industrie montre qu'en définitive, le peuple reçoit la plus grande partie du bénéfice provenant de l'essor industriel. Dans le siècle dernier par exemple, le plus grand facteur tendant vers l'augmentation de la production et par là, vers la prospérité du monde civilisé, a été l'introduction des machines remplaçant la main de l'ouvrier et sans nul doute, le gain le plus grand a été pour tout le monde, pour les consommateurs.

Pendant des périodes assez courtes, principalement dans le cas d'appareils brevetés, les dividendes de ceux qui ont introduit les nouvelles machines, ont été considérablement augmentés et très souvent, malheureusement pas toujours, les employés ont obtenu des salaires plus élevés, des heures de travail plus courtes et des conditions meilleures. Mais, somme toute, la plus grande partie du bénéfice est allée au consommateur. Un pareil résultat accompagnera l'introduction de l'organisation scientifique, aussi certainement qu'il a accompagné l'introduction des machines.

Revenons à notre chargeur de gueuses ; on peut considérer que la plus grande partie du bénéfice provenant de l'augmentation de rendement, va finalement au consommateur sous forme de fonte moins chère et avant de décider comment ce bénéfice doit être partagé entre l'ouvrier et l'employeur, quelle compensation équitable doit être faite à l'ouvrier qui charge et à la Compagnie, il faut considérer le problème sous toutes ses faces :

1º Comme on l'a fait remarquer déjà, le chargeur de fonte n'est pas homme extraordinaire, difficile à trouver, c'est un homme du type du bœuf, assez épais physiquement et intellectuellement ;

2º Il n'est pas plus fatigué par son travail que ne l'est un ouvrier sain et bien constitué par une journée bien remplie. Si l'homme est surmené, c'est que la tâche a été mal déterminée, chose impossible avec l'organisation scientifique :

3º Il ne dépend pas de l'initiative et de l'originalité de cet ouvrier, de réussir à travailler de la sorte ; la science de la manutention de la fonte lui a été enseignée par une autre personne ;

4º Il est juste que les hommes de même valeur générale soient payés à peu près de même, quand ils travaillent de leur mieux. Il serait grossièrement injuste de donner à cet homme 3.6 fois le salaire que reçoivent les ouvriers de même valeur que lui et qui travaillent convenablement ;

5º Comme il a été exposé plus haut, l'augmentation de 70 0/0 du salaire n'est pas le résultat d'une appréciation arbitraire d'un ingénieur ou d'un contremaître, mais bien la conséquence d'une longue série d'expériences conduites avec impartialité pour déterminer quelle compensation constitue le véritable intérêt de l'ouvrier, toutes choses considérées.

On voit par là que le chargeur de fonte ayant son salaire augmenté de 60 0 0, n'est pas un objet de pitié, mais plutôt une cause de félicitations.

D'ailleurs, les faits sont souvent plus éloquents que les opinions et les théories et c'est un fait significatif que les ou-

vriers qui ont été soumis à ce système durant les trente der-
nières années, ont été universellement satisfaits de l'augmentation des salaires qu'ils ont reçus et leurs employeurs ont
été également charmés de l'accroissement de leur dividende.

L'auteur est persuadé que, de plus en plus, le troisième
parti, c'est à-dire le consommateur, se rendra compte des
faits et insistera pour que justice soit faite pour tous. Il de-
mandera le plus grand rendement possible aux employeurs
et aux employés ; il ne tolérera plus le type de patron qui
ne regarde que le dividende, refuse sa part du travail, menace
les ouvriers et les force de produire plus, pour un bas salaire ;
il ne tolérera pas davantage la tyrannie des travailleurs, ré-
clamant sans cesse des augmentations de salaires, des heures
de travail plus courtes et réduisant en même temps de plus
en plus le rendement.

L'auteur croit qu'on trouvera le procédé permettant d'obtenir d'abord le rendement maximum de l'employeur et de
l'employé, puis ensuite, une équitable division des profits dus
à leurs efforts combinés, par l'organisation scientifique qui,
seule, cherche à atteindre la justice pour les trois partis par
la recherche scientifique et impartiale de tous les éléments du
problème. Des deux côtés, on rencontrera d'abord de la ré
sistance ; les ouvriers s'opposeront à toute ingérence dans
leurs anciennes méthodes empiriques et la direction repous-
sera les nouveaux devoirs et les charges qui lui incombent :
mais finalement, le peuple, par l'intermédiaire du public
éclairé, obligera employeurs et employés à se conformer au
nouvel ordre de choses.

CONCLUSIONS

On remarquera sans doute, que, dans tout ce qui précède,
il n'y a rien qui n'ait été déjà connu auparavant ; cela est
très probablement vrai. L'organisation scientifique ne comporte pas nécessairement une grande invention, ni la découverte de faits nouveaux extraordinaires ; elle consiste dans
une certaine combinaison d'éléments qu'on n'avait pas cu-

core réalisée, dans le groupement de connaissances analysées et classées sous forme de lois et de règles qui constituent une science ; cette science est accompagnée d'un changement complet dans l'attitude réciproque des ouvriers et de la direction, non seulement vis-à-vis des personnes, mais encore des responsabilités et des devoirs respectifs. Il en résulte une nouvelle répartition des devoirs et une coopération intime et cordiale, impossible à obtenir avec l'ancien système de direction. Cette combinaison qui constitue l'organisation scientifique peut être ainsi résumée :

Science, au lieu d'empirisme ;

Harmonie au lieu de discorde ;

Coopération au lieu d'individualisme ;

Rendement maximum au lieu de production réduite ;

Formation de chaque homme, pour lui faire obtenir le rendement et la prospérité maximum.

Le temps s'écoule vite pour celui qui cherche, sans le concours de ceux qui l'entourent, à achever sa formation individuelle et le temps approche où toutes les grandes œuvres seront faites par ce type de coopération dans lequel chaque homme remplit la fonction qui lui convient le mieux, devient excellent dans cette fonction et tout en ne perdant rien de son originalité et de son initiative, est dirigé par d'autres hommes, en vue de la coopération à l'œuvre commune.

Les exemples cités dans cet ouvrage, montrant l'augmentation de rendement obtenue avec le nouveau système d'organisation, donne une idée du gain qu'il est possible de faire. Ils ne représentent pas des cas extraordinaires ou exceptionnels et ont été choisis parmi des milliers d'autres qu'on aurait pu aussi bien mentionner.

Examinons les avantages procurés par l'adoption générale de ces principes : ces avantages s'appliquent d'abord au public tout entier ; le profit matériel le plus grand que les générations présentes ont sur les générations antérieures, provient de ce que la moyenne des hommes de notre génération produit, avec le même effort, 2, 3 et même 4 fois autant de choses utiles à l'humanité que la moyenne des hommes d'autrefois. Cette augmentation de productivité est due à de nombreuses

causes autres que l'augmentation de l'habileté des ouvriers.
Elle est due à la découverte de la vapeur et de l'électricité,
à l'introduction des machines, aux inventions grandes et petites, aux progrès de la science et de l'éducation. Mais quelle
qu'en soit la cause, cette augmentation de productivité de
chaque individu produit une augmentation de la productivité
de tout le pays.

Certains craignent qu'une augmentation importante de productivité de l'ouvrier ait pour résultat de faire congédier ses
camarades. S'il est un élément qui différencie les pays civilisés de ceux qui sont encore barbares, les peuples riches des
peuples pauvres, c'est que chez les uns, la moyenne des
hommes produit 5 ou 6 fois plus que chez les autres. C'est un
fait connu que la cause principale de la forte proportion des
sans-travail en Angleterre, qui est peut être cependant la nation la plus virile du monde, est que les ouvriers anglais, plus
que ceux des autres pays civilisés, limitent délibérément leur
rendement, parce qu'ils croient faussement qu'il est contraire
à leurs intérêts que chaque homme travaille loyalement.

L'adoption générale de l'organisation scientifique pourrait
doubler la productivité moyenne de l'ouvrier. Cela signifie
pour tout le pays une augmentation des choses nécessaires
à la vie et des objets de luxe et la possibilité de raccourcir
les heures de travail et d'augmenter le temps utilisable à
l'éducation, la culture de l'esprit et les loisirs de la vie. En
même temps que le monde entier profitera de cette augmentation de production, l'usinier et l'ouvrier verront leur gain
s'accroître. La direction scientifique signifiera pour les employeurs et les employés qui l'adopteront et surtout pour ceux
qui l'adopteront les premiers, la disparition de toutes les causes
de discussion et de désaccord. La détermination de la tâche
journalière sera une question scientifique, au lieu d'être un
marchandage, la flânerie cessera, parce qu'elle sera sans raison, l'augmentation des salaires diminuera une des sources
les plus fréquentes de disputes et plus que tout le reste, la
coopération intime, étroite, le contact continuel du personnel,
tendront à diminuer le mécontentement et les frottements. Il
est difficile pour des gens dont les intérêts sont les mêmes

et qui travaillent côte à côte, en poursuivant le même but toute la journée, de se quereller longtemps. La diminution du prix de revient obtenue en doublant le rendement, permettra aux compagnies qui adopteront cette organisation et surtout à celles qui seront les premières à l'adopter, de tenir mieux qu'auparavant leur place sur le marché et d'élargir leurs débouchés de telle sorte que, même en temps de crise, elles pourront avoir du travail et récolter des bénéfices.

Un des éléments accessoires à ce gain considérable de rendement est que l'ouvrier systématiquement entraîné, capable d'exécuter des travaux plus difficiles qu'autrefois, acquiert un état d'esprit qui lui fait estimer son travail et ses chefs et l'empêche de perdre son temps en critiques stériles, soupçonneuses et souvent franchement hostiles. Ce point est peut-être l'élément le plus important de tout le problème.

L'obtention de pareils résultats n'est-elle pas aussi importante que la solution de bien des problèmes qui agitent les diverses nations et n'est-il pas du devoir de ceux qui sont familiarisés avec ces questions d'en démontrer l'importance à la Société tout entière ?

Note de l'auteur. — L'auteur reçoit constamment des lettres lui demandant une liste des établissements qui emploient l'organisation scientifique. Il serait peu correct de publier un document de ce genre ; car certaines des maisons désignées ne tiennent pas à engager une correspondance, alors que d'autres le font avec plaisir. L'auteur invite ceux que la question intéresse, à se rendre chez lui lorsqu'ils se trouveront aux environs de Philadelphie. Il leur montrera les détails de l'organisation telle qu'elle est pratiquée dans diverses usines de cette ville. L'auteur, consacrant la plus grande partie de son temps à cette cause, considère ces visites comme un honneur et non comme une indiscrétion.

TABLE DES MATIÈRES

Paris. — Typ. P. et A. DAVY, 52, rue Madame. 4-4-27.

DUNOD, ÉDITEUR, 92, RUE BONAPARTE, PARIS (VIe)

9 782329 770314